AF345110

TRAITÉ

DES

ARBRES RÉSINEUX

CONIFERES.

TRAITÉ

DES
ARBRES RÉSINEUX
CONIFERES,

EXTRAIT ET TRADUIT
DE L'ANGLOIS DE MILLER,

Avec des notes, observations & expériences.

Par M. le Baron DE TSCHUDI, Citoyen de Glaris, Bailli de Metz, Capitaine au Régiment Suisse de Jenner, de l'Académie royale des Sciences & des Arts de Metz, de la Société de Physique de Zurich, & des Sociétés économiques de Berne & de Soleure.

Plus habet laboris quàm ostentationis.
Quintil.

A METZ,

Chez JOSEPH COLLIGNON, Imprimeur ordinaire du Roi, à la Bible d'Or.

M. DCC. LXVIII.

Avec Approbation & Privilége du Roi.

A LA SOCIÉTÉ
ÉCONOMIQUE
DE BERNE.

COMME UN FOIBLE TRIBUT

D'UN DE SES MEMBRES,

DONT LE ZÉLE

VOUDROIT JUSTIFIER LE CHOIX

QU'ELLE A DAIGNÉ FAIRE DE LUI,

EN COOPÉRANT

AUX PROGRÈS DE L'AGRICULTURE

DONT ELLE A DÉJA CHANGÉ LA FACE

DANS LE PAYS DE BERNE.

VOVET, DICAT, CONSECRAT.

[illegible]

[illegible]

[illegible]

[illegible]

AVANT-PROPOS.

OUTES les parties de l'économie champêtre ont de l'importance par le secours mutuel qu'elles se prêtent, & l'étendue de chacune doit être proportionnée au besoin général ; mais si la culture du blé est la plus considérable par son objet, il paroît que la plus intéressante par la variété de ses détails, est celle qui comprend l'entretien & le repeuplement des forêts, & tous les soins qu'exigent les arbres ; ils sont l'achévement de la perfection végétale, & la plus belle décoration de la nature :

auſſi les plus grands hommes ſe font plus à en orner les environs de leurs retraites ; & la plûpart ont fait du ſoin de planter leurs plus cheres délices.

D'Agueſſeau, dont la mémoire eſt ſi précieuſe à tout citoyen, Pope, ce poëte philoſophe, & tant d'autres que je pourrois nommer, ont trouvé le délaſſement de leurs ſublimes travaux, dans le plaiſir de faire des plantations & d'en jouir.

Et lorſque dans la néceſſité publique, on vint preſſer l'Empereur Dioclétien de reprendre les rênes du gouvernement, il répondit à ceux qui l'en prioient : *vous ne me donneriez pas un ſemblable conſeil, ſi vous aviez vu le bel ordre des arbres que j'ai moi-même plantés.*

Mais fi les arbres font les produ&ctions les plus agréables du régne végétal, ils font encore de la plus grande reffource. Ils nous chauffent, nous logent, nous portent fur les mers; ils nourriffent & défalterent de leurs fruits ceux qui ont pris la peine de les élever.

Cyrus orna d'arbres fruitiers toute l'Afie mineure : & c'eft peut-être encore plus par fes foins, que par la bonté du climat de cette contrée, qu'elle eft devenue la pépinière de l'infertile Europe. C'étoit un dogme de la religion des Guèbres, qu'une des a&ctions les plus agréables à l'être fuprême étoit de planter un arbre ; & Caton dit, que s'il faut réfléchir long-temps avant que de bâtir, il ne faut pas différer un inftant de faire des plantations.

Ce grand homme qui n'a pas dédaigné d'écrire fur l'économie rurale, montre par cette feule parole, combien il étoit perfuadé de l'utilité des arbres : elle eft trop évidente pour que je m'amufe à la démontrer ou à l'exalter, il fuffit que j'obferve qu'elle augmente & ennoblit le goût des plantations. Celui qui plante pour fa poftérité jouit par avance de fa gratitude, & celui qui y ajoute le motif de l'utilité publique, éprouve encore un fentiment plus doux. Concourir à augmenter les richeffes réelles de fes concitoyens, quel plus grand plaifir ! c'eft celui que goûte M. Duhamel du Monceau : cet Académicien patriote, voué par inclination à toutes les fciences utiles, a donné à la France l'exemple de toute espèce de plantation ; mais il n'a trouvé jusqu'à présent parmi nous que peu d'imitateurs. Qu'il s'en faut que nous soyons aussi avancés que les Anglois dans l'art de planter ! la passion de ces insulaires pour la vie champêtre, reçoit une nouvelle activité du goût qu'ils ont pour l'histoire naturelle, qu'ils cultivent à grands frais. Outre que les plantes les plus rares & les plus délicates se trouvent dans leurs serres, où ils imitent tous les climats, on voit encore dans leurs jardins & dans leurs parcs des arbres exotiques de toute espèce qu'ils y ont naturalisés (*a*). En se promenant dans ces lieux on est quelquefois tenté de se croire en Amérique, & bientôt on pense être en Orient, lorsqu'on ren-

(*a*) Lettres d'un François.

contre tout-à-coup le Tulipier des Iroquois orné de ſes belles fleurs, & le Cédre du Mont-Liban chargé de ſes fruits.

En Angleterre on a commencé à planter les arbres les plus rares lorſque nous ſongions à peine à multiplier les plus communs. Et comme les grands donnent le ton aux petits, les payſans Anglois plantent à l'envi de leurs Seigneurs (*b*). On ne doit donc pas être ſurpris qu'il ſe trouve chez cette nation ſi ſavante dans les choſes utiles, d'excellens livres ſur la culture des arbres : & nous ne devons pas être honteux d'y puiſer des préceptes, qui ſont le fruit d'une pratique plus exercée & de plus ancienne date que la nôtre. Parmi ces livres un auteur Fran-

(*b*) Lettres d'un François.

çois très-judicieux paroît donner la préférence au dictionnaire que l'on doit à M. Miller, le plus habile jardinier qui foit en Europe, dit cet auteur. Il ajoute qu'il feroit à fouhaiter que quelqu'un prît la peine de traduire cet ouvrage, & qu'il nous feroit d'une plus grande utilité que tant de productions bizarres, que des écrivains fans goût lui ont préférées.

Ce dictionnaire qui contient la defcription, la culture, & l'ufage de toutes les plantes connues en Angleterre, a été acheté par plufieurs Communes de cette île ; elles l'ont attaché avec une chaîne fur une table, au milieu de la chambre où elles tiennent leurs affemblées : de forte que chaque villageois peut, à toutes les heures du jour, aller y puifer des lumières (*c*). Ce feul trait fait affez l'éloge de ce livre. Je me contenterai de dire que fon auteur étoit directeur du jardin des Apothicaires (*d*), & membre de la Société royale de Londres. Botanifte, Phyficien, & naturellement obfervateur, fa longue pratique a été bien éclairée; auffi fon dictionnaire contient plus de chofes vraies, qu'on n'en trouve d'ordinaire dans les livres de ce genre.

C'eft de cet ouvrage que j'ai extrait & traduit les articles où il eft traité des arbres réfineux coniferes, & j'y ai joint comme acceffoires mes obfervations, & un détail de mes expériences.

Ces arbres m'ont paru les plus

(*c*) Lettres d'un François.
(*d*) Situé à Chelfea, près de Londres.

intéreſſans à faire connoître,
d'après notre auteur Anglois,
parce qu'à peine on a eſſayé en
France d'en planter, & qu'on les
cultive avec beaucoup de ſoin &
de ſuccès en Angleterre, tant
pour le profit qu'on en retire que
pour en former des boſquets toujours-verds, où un rayon de ſoleil
fait jouir du printemps, au milieu
de la rigoureuſe ſaiſon.

Si les arbres réſineux coniferes
ne ſont pas les ſeuls qui ne quittent pas leurs feuilles, ils en com-
prennent du moins le plus grand
nombre, les plus élevés & les
plus beaux. Il s'y en trouve quatre
eſpèces qui ſe dépouillent, mais
cette petite diſparité ne détruit pas
la grande reſſemblance qu'ils ont
entr'eux : en effet, ils ont tous
un tel air de famille que les per-

fonnes peu exercées à l'obfervation des plantes, les confondent ordinairement.

Ce qui m'a engagé à joindre mes idées à mon texte, c'eft que depuis bien du temps je cultive avec grand foin la plûpart de ces arbres; & que les ayant rencontrés fouvent dans le cours de mes voyages, ils m'ont fourni des obfervations que je ne crois pas inutiles, & dont quelques-unes fervent même à corriger ou à éclaircir mon auteur, ce que j'ai fait par des notes.

Au refte, non-feulement ces arbres font très-beaux par leur verdure perpétuelle, leurs tiges verticales & leurs têtes formées en pyramide; mais ils font encore fort utiles par leur bois, qui eft très-recherché pour la charpenterie,

terie, la menuiſerie & l'architecture navale. Outre ces qualités qui rendent leur culture très-avantageuſe, ils ont le mérite de réſiſter parfaitement au froid, & de croître fort bien ſur des côteaux pierreux, & dans les terres les plus arides, où peu d'autres arbres pourroient même ſubſiſter.

Ne ſeroit-il donc pas à déſirer qu'ils devinſſent auſſi communs dans nos pépinières & dans nos plantations, que les frênes & les ormes, à quoi il ſemble que nous nous ſommes bornés ? c'eſt dans le deſſein d'y contribuer que j'ai fait ce petit ouvrage.

Il commence par les articles concernant les Sapins, Pins, Méléſes & Cédre du Liban, Cyprès Arbres de vie, extraits & traduits du dictionnaire Anglois de

Miller, avec des notes. J'y ai joint des planches, que j'ai cru indifpenfables pour faire connoître le caractère diftinctif de chaque genre. Elles ont été gravées d'après nature avec le plus d'exactitude qu'il m'a été poffible, ayant fourni les modéles. On trouvera enfuite mes propres expériences & obfervations fur ceux de ces arbres que j'ai moi - même cultivés. J'obferve le plus grand filence fur ceux dont je ne connois pas affez la culture, me propofant de n'en parler, que quand j'en aurai une expérience plus longue & mieux conftatée.

Qu'on me permette de finir par cette obfervation : que rien ne nuit plus aux progrès de l'agriculture que de trop fe preffer d'écrire fur cet art, & de vouloir à la fois embraffer plufieurs de fes parties. Il eft tout expérimental; & même une expérience n'y fait pas loi, fi elle n'a pas été fouvent répétée & variée en différentes circonftances.

Combien pourtant n'avons-nous pas vu paroître de livres, depuis cinq années, fur l'économie rurale, fous des titres pompeux ou finguliers! Mais que font la plûpart de ces ouvrages ? & qu'y avons - nous vu, qu'une rapfodie de préjugés des anciens, & de mémoires faits à la hâte mendiés de tous côtés ? Des compilateurs ne fe font pas même fait fcrupule d'y mettre du leur, & de donner pour certaines des expériences imaginées au fond de leurs cabinets.

Il s'agiffoit *d'arrondir* la matière,

& de faire ce qui s'appelle un livre complet, pour contenter l'avidité de quelques Imprimeurs, qui vouloient profiter du goût vif, mais encore peu clair-voyant de la nation, pour le premier des arts récemment reffufcité.

Cependant l'erreur eft en agriculture bien plus préjudiciable encore qu'en bien d'autres matières ; car non-feulement elle égare, mais elle ruine même le cultivateur confiant. Et comme il ne peut diftinguer les bons des mauvais livres que par la pierre de touche de l'expérience ; une fois trompé, il confondra déformais ceux-là avec ceux-ci, parce qu'il ne voudra plus tenter d'épreuves fur parole d'aucun auteur, de crainte d'y perdre fes frais. Il finira par être perfuadé qu'il n'y a de certain que la vieille routine. Et voilà les progrès de l'agriculture arrêtés, pour avoir voulu trop les hâter.

Il feroit donc très-avantageux qu'on n'écrivît rien de bien étendu fur cet art qu'après un grand nombre d'années, & que chacun s'attachât particuliérement à une de fes branches. Que toutes ne font-elles traitées comme la culture du pêcher l'eft dans un très-petit livre! fi celui-ci étoit auffi utile, on auroit tort de me reprocher qu'il n'eft pas plus étendu. Pour diminuer fon volume, j'ai même pris la liberté de retrancher plufieurs répétitions qui fe trouvent dans mon texte. C'eft aux cultivateurs à apprécier ce petit ouvrage. Il eft bien fûr que je ne l'ai publié que dans la vue de l'utilité publique, à quoi je veux confacrer les momens que me laiffe le métier des armes.

TABLE

Des titres & principales matieres de ce Traité.

PREMIERE PARTIE

Extraite & traduite de Miller, avec des notes par le traducteur.

DES SAPINS.

(*a*) Les titres font en caractères italiques.

DU CÉDRE DU LIBAN.

DES CYPRÈS.

DU THUYA
OU ARBRE DE VIE.

SECONDE PARTIE.

OBservations & expériences faites par le
traducteur sur la culture des Arbres résineux
coniferes, où il est aussi fait mention du
régime des forêts de Pins & de Sapins. 119

Fin de la Table.

EXPLICATION

Des noms abregés des Auteurs & des ouvrages cités dans ce Traité.

Catesb. hift. nat. Hiftoire naturelle de la Caroline, de la Floride & des îles Bahama, &c. par Marc Catesby, de la Société royale.

C. B. *Cafpari Bauhini pinax theatri botanici.*

Gault. M. Gaultier, Médecin du Roi à Québec.

J. B. *Joannis Bauhini hiftoria Plantarum univerfalis.*

Inft. R. H. *Inftitutio rei herbariæ Jofephi Piton de Tournefort.*

M. C. *Philippi Miller, catalogus arborum fructicumque, &c.*

Putk. Alm. *Leonardi Plutknetii Almageftum botanicum.*

Plum. *Caroli Plumier nova Plantarum Americanarum genera.*

Raii hift. *Joannis Raii hiftoria Plantarum.*

Raii hift. app. *Raii hiftoriæ appendix.*

Rand. *Ifaacus Rand. Præfeftus horti Chelfæani.*

Tourn. Corol. *Jofephi Piton de Tournefort, corollarium inftitutionum rei herbariæ.*

EXPLICATION
DES PLANCHES.

PLANCHE PREMIERE.
DES SAPINS.

A. Cône du Sapin à cône incliné ou Peſſe, réduit à la moitié de ſa grandeur naturelle.

B. Semences du Sapin à feuilles d'if, jointes enſemble comme elles le ſont dans les écailles des cônes.

C. Ecaille du cône **A.**

D. Semence du Sapin à feuilles d'if, garnie de ſon aile.

E. Ecaille du chaton écailleux ou fleur mâle **H.**

F. Fleur femelle.

G. Ecaille de la fleur femelle.

H. Fleur mâle.

K. Feuilles du Sapin à cône incliné ou Peſſe.

L. Feuilles du Sapin reſſemblant au Pin. *Abies, Pinum ſimilans.*

M. Feuilles du Sapin à feuilles d'if, à fruit vertical, ou Sapin à feuilles argentées.

PLANCHE SECONDE.
DES PINS.

A. Cône du Pin cultivé, réduit au tiers de fa grandeur naturelle.

B. Fleurs mâles.

C. Amande du Pin cultivé, réduite aux deux tiers de fa groffeur.

D. Amande du Pin alviez un peu moins groffe que la naturelle.

E. Feuilles du Pin cultivé.

F. Cône du Pin alviez, réduit au tiers de fa groffeur.

G. Ecaille du Pin cultivé.

H. Cône du Pin de montagne un peu moins gros que le naturel.

I. Feuilles du Pin alviez.

K. Feuilles du Pin commun ou de montagne.

L. Semence du Pin de montagne dépourvue de fon aile.

PLANCHE TROISIÈME.
DU MÉLÉSE
ET CÉDRE DU LIBAN.

A. Fleurs mâles & femelles du Méléfe.

B. Cône du Méléfe de grandeur naturelle.

C. Semence du Méléfe, dépourvue de fon aile.

D. Feuilles du Cédre du Liban, qui eft un Méléfe.

E. Rameau

E. Rameau de Méléſe, garni de feuilles naiſ-
santes.

F. Cône du Cédre du Liban, réduit à la moitié
de ſa groſſeur naturelle.

G. Semence du Cédre du Liban de groſſeur
naturelle, & dépourvue de ſon aile.

PLANCHE QUATRIÈME.
DU CYPRÈS.

A. Cône du Cyprès dont les écailles ſont cloſes.

B. Ecailles du cône, vues par deſſous.

C. Cône de Cyprès dont les écailles s'entr'ouvrent & laiſſent voir les ſemences.

D. Fleur femelle ou cône naiſſant.

F. & G. Semences du Cyprès.

H. & I. Ecailles des fleurs mâles.

K. Feuilles du Cyprès qui ſe dépouille.

L. Fleurs mâles du Cyprès.

M. Feuilles des Cyprès toujours - verds.

PLANCHE CINQUIÈME.
DU THUYA
OU ARBRE DE VIE.

A. Semence du Thuya de la Chine.

B. & C. Fleurs femelles.

D. Cône du Thuya de la Chine.

E. Cône du Thuya de Théophraſte ou de
Canada.

F. Feuilles du Thuya de la Chine.

G. Feuilles du Thuya de Canada.

H. Semence du Thuya de Canada.

ERRATA.

Page 50, note (z), ligne derniere, frilleux, *lifez*, frileux ou délicats.

Page 65, note (m) ligne 2, Halv. *lifez*, Helv.

Page 72, ligne 21, que trop fouvent. Il feroit bon, *lifez*, que trop fouvent, il feroit bon.

Page 100, note (c), ligne derniere, quelques fiécles, *lifez*, au moins un fiécle.

Page 128, ligne 17, taupières, *lifez*, taupinières.

Page 141, ligne 22, par deux traverfes, *lifez*, par des traverfes.

Page 163, ligne 25, des petites branches, *lifez*, de petites branches.

Page 201, ligne 4, fe pourrit, *lifez*. pourrit.

Page 213, ligne 24, Pins du Lord Weymouth, & quelques autres, *lifez*, Pins du Lord Weymouth & quelques autres.

Page 216, ligne 14, & couverte, *lifez*, & couvertes.

Page 219, ligne 7, ont réuffi, *lifez*, a réuffi.

Page *idem*, ligne 9, ces caiffes en étoient fi garnies, *lifez*, étoient fi garnies.

Page 220, note (l), ligne 7, tenus, *lifez*, ténus.

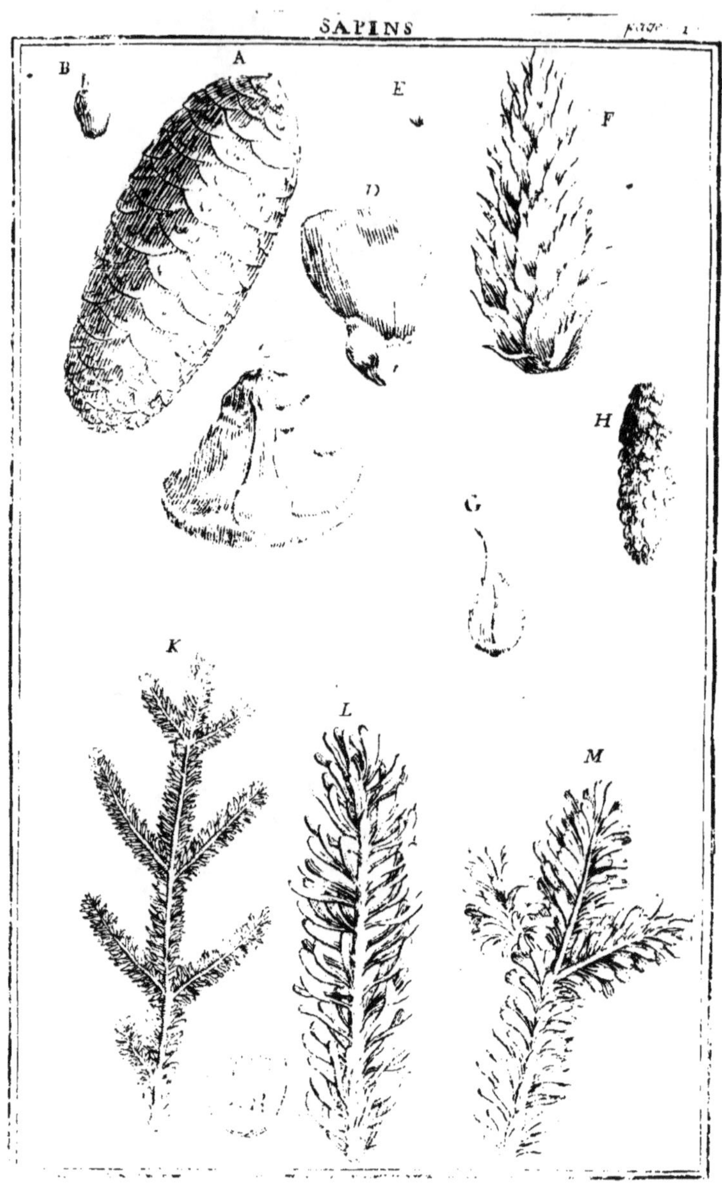
B
A
E
D
F
H
G
K
L
M

TRAITÉ
DES ARBRES RÉSINEUX
CONIFERES.

DES SAPINS.

ABIES, en françois SAPIN, en allemand TANNENBAUM, en anglois FIR-TREE.

Caractere distinctif du Sapin.

E Sapin est toujours verd, ses feuilles sont séparées les unes des autres, & sont ordinairement rangées horizontalement sur les rameaux. Ses fleurs mâles & ses fleurs femelles croissent sur le même individu, & à quelque

A

éloignement les unes des autres. Ses femences font contenues dans des fruits écailleux.

Catalogue des efpèces de Sapin, connues en Angleterre.

1. *ABIES taxi folio, fructu furfum fpectante.* Inft. R. h.
  SAPIN à feuilles d'if & à fruit vertical. SAPIN à feuilles argentées.

2. *ABIES taxi folio, fructu rotundiori obtufo.* M. C.
  SAPIN à fruit rond.

3. *ABIES taxi folio, odore Balfami Gilea-denfis.* Raïi hift. app.
  SAPIN, dit baumier de Gilead.

4. *ABIES taxi folio, fructu longiffimo deorfum inflexo.* M. C.
  SAPIN d'Amérique, à fruit très-long & pendant.

5. *ABIES tenuiori folio, fructu deorfum inflexo.* Inft. R. h.
  SAPIN PESSE à feuilles étroites & à cônes pendans, Epicea, Sapin de Norwege.

6. *ABIES minor, pectinatis foliis, Virginiana, conis parvis fubrotundis.* Pluk.

Pesse de Virginie, à feuilles difposées en
peigne & à petits cônes ronds. En anglois
Hemlock-fir.

7. *ABIES piceæ, foliis brevibus, conis mi-
nimis.* Rand.
Pesse à feuilles courtes, ou Epinette
noire de Canada, à petites feuilles,
Spruce-fir.

8. *ABIES piceæ, foliis brevioribus, conis
parvis, biuncialibus laxis.* Rand.
Pesse à feuilles très-courtes, à petit
fruit peu ferré. Epinette blanche
de la nouvelle Angleterre, *Spruce-fir.*

9. *ABIES foliis prælongis, Pinum fimilans.*
Raii hift. planche I. lettre C.
Sapin reffemblant au Pin.

10. *ABIES Orientalis, folio brevi & tetra-
gono, fruɛtu minimo, deorfum inflexo.*
Pesse d'Orient, à feuilles courtes &
carrées.

11. *ABIES major Sinenfis, peɛtinatis taxi
foliis, fubtus caefiis, conis grandioribus,
furfum rigentibus, foliorum & fquamarum
apiculis fpinofis.*
Sapin de la Chine, à fruit perpendicu-
laire, dont les feuilles font épineufes,
ainfi que les écailles des cônes.

A 2

12. *ABIES maxima Sinensis, pectinatis taxi foliis, apiculis non spinosis.*

Très-grand Sapin de la Chine, non épineux.

Ces deux dernieres espèces ne se trouvent point dans le traité des Arbres & des Arbustes de M. Duhamel du Monceau.

La premiere & la cinquième espèce, c'est-à-dire, le plus commun des Sapins proprement dits, & le plus commun de ceux appellés Pesses, se trouvent fréquemment en Angleterre, dans les jardins & dans les bois plantés. La cinquième espèce foisonne dans les forêts de Norwege, & nous procure le bois de Sapin blanc.

Il y a quelques années qu'on faisoit grand cas de ces deux arbres pour la décoration des bosquets d'hiver ; ils ne sont plus aussi estimés maintenant, parce qu'au bout d'un certain tems il ne croît plus rien sous leur ombrage, & que leurs rameaux inférieurs se dégarnissent. Mais ces inconvéniens n'ont eu lieu, que parce qu'on a planté ces arbres trop près les uns des autres ; on les préviendra, en mettant douze pieds de distance entre ces Sapins, s'il ne s'en trouve

que trois rangées , & vingt pieds, fi
on les difpofe en quinconce. Alors l'air
qui circulera librement autour de ces
arbres, empêchera leurs branches de
périr ; & ils feront garnis de rameaux
verds depuis la cime jufqu'à une toife
du pied, quand même ils auroient quarante coudées de haut.

Si l'on veut élaguer les Sapins, il ne
faut pas leur couper plus de deux branches à la fois, & il eft bon que cette
opération fe faffe au mois de feptem-
bre, parce qu'alors la térébenthine ne
découle pas auffi abondamment de la
plaie, & qu'il n'en fort guère que ce
qu'il en faut pour empêcher la gelée
de s'y introduire.

Le Sapin proprement dit à feuilles
argentées, c'eft-à-dire, l'efpèce n°. 1.
croît abondamment autour de Straf-
bourg & dans quelques autres parties
de l'Allemagne, d'où l'on nous apporte
fa térébenthine. Je (*a*) ne crois pour-

(*a*) Cette opinion n'eft pas vraifemblable. Si ce
Sapin n'étoit pas originaire d'Europe, les montagnes
de Vôges, celles de Suabe & les alpes de la Suiffe,
en feroient-elles couvertes depuis leur faîte jufqu'aux
bords des plus profonds abymes.

tant pas que ce Sapin foit originaire de ces pays-là, mais qu'il y a été apporté du levant. Les plus beaux arbres de cette efpèce croiffent fur le Mont-olympe; j'en ai eu des cônes qui avoient jufqu'à un pied de long. Tournefort, dans fes voyages, fait mention de ces Sapins du Mont-olympe, comme des plus beaux arbres qu'il ait vus en Orient.

L'efpèce n°. 6. *Hemlock-fir*, fe trouvoit autrefois, dit Plutknet, dans le jardin de l'Evêque de Londres, à Fulham; elle en a été arrachée, mais on fe l'eft procurée de nouveau par de la femence envoyée de la nouvelle Angleterre, par M. Moore à M. Fairchild de Hoxton, qui en a obtenu quelques individus. Cet arbre réfifte parfaitement au froid de notre climat, mais il veut une terre humide; dans une terre féche il ne fait que languir. Il ne vient jamais bien haut en Angleterre, ni même dans fon pays natal, & il étend fes branches au loin, horizontalement, ce qui fait qu'il eft moins beau que les Sapins des autres efpèces.

Le Sapin appellé *Abies* (*b*) *taxi folio, fructu longissimo deorsum inflexo*, n°. 4. nous a été envoyé d'Amérique il y a long-tems, & a été planté dans la province de Devonshire : on y en trouve à présent de fort gros, qui donnent annuellement de bonne semence, avec quoi cette espèce a été multipliée dans les jardins de Londres. Je la regarde comme une variété du Sapin commun à fruit incliné (*c*), puisqu'elle n'en differe que par ses feuilles, qui sont en plus grand nombre, & par ses cônes qui sont plus longs. Cet arbre est très-grand & d'un très-bel effet, en ce que le dessous de ses feuilles est blanchâtre, & le dessus d'un beau verd de mer, & qu'elles sont très-proches les unes des autres sur les rameaux, ce qui rend cet arbre très-touffu. Il est d'une forte complexion.

Les septième & huitième espèces ont été aussi plantées dans les provinces

(*b*) Je trouve ce même arbre dans Miller sous la phrase de *piceæ foliis*, ce qui se rappote à ce qui est dit ici, que cette espèce ne differe de l'Epicea, que par ses feuilles qui sont en plus grand nombre. Ainsi *taxi folio* pourroit bien être une faute d'impression.

(*c*) Pesse, Epicea, ou Sapin de Norwege.

de Devonshire & de Cornwal. Ces deux Sapins font originaires de ces froides parties de l'Amérique, dont le climat eft femblable à celui du Canada. Ils font plus touffus, & perdent plus difficilement leurs feuilles & leurs branches que ceux des autres efpèces, mais ils ne deviennent jamais bien grands, & ne parviennent guère qu'à la hauteur de vingt ou de trente pieds. L'un de ces Sapins porte au printems des fleurs mâles d'un beau pourpre, & l'autre d'un verd clair.

Les Colons des parties de l'Amérique, où ces arbres croiffent, fe fervent de leurs rameaux, pour faire de la bière de bourgeons de Sapin, qu'ils appellent *Spruce-beer* ; c'eft pourquoi les Anglois les ont appellés *Spruce-firs* : mais ils n'ont pas plus de droit à cette dénomination que les autres Sapins, avec lefquels on peut également faire de la bière.

Ces deux arbres portent fort jeunes une quantité de cônes, ce qui arrête leur croiffance, & leur fait prendre la forme de buiffons ; auffi n'en voit-

on point en Angleterre qui ayent plus
de fix ou fept pieds de haut : leurs feuilles exhalent une odeur très-forte, lorfqu'on les froiffe, & il tranffude de leurs
troncs une térébenthine très-claire &
très-active.

Les efpèces n°. 2. & n°. 3. s'appellent indiftinctement baumiers de Gilead, & font cependant très-différen-
tes, ainfi que nous avons eu lieu de
nous en affurer, en examinant les rameaux de l'une & de l'autre, qui nous
ont été envoyés de Devonshire & de
Cornwal.

M. Ray, dans le fupplément de fon
hiftoire des Plantes, dit que l'efpèce
n°. 2. fe trouve dans le jardin du Duc
de Beaufort, à Badmington; il y a quelques années qu'on la cultivoit auffi dans
le jardin de l'Evêque de Londres, à
Fulham. Cette efpèce porte des cônes
très-longs & très-pointus dont la pointe
regarde le ciel, & qui donnent beaucoup de poix; fes rameaux font plats
& garnis de feuilles très-courtes.

L'efpèce n°. 3. produit des cônes
qui reffemblent beaucoup à ceux du

Méléſe, appellé *Cédre du Liban ;* ſes feuilles ſont d'un verd plus foncé, & plus proches les unes des autres que celles de l'eſpèce n°. 2. de maniere que cet arbre eſt un des plus beaux de ſon genre.

Lorſqu'on froiſſe les feuilles de ces deux eſpèces de Sapin, elles exhalent une odeur balſamique très-forte. Il découle, des inciſions faites dans leurs troncs, une térébenthine fort claire & de fort bonne odeur, que l'on vend ordinairement en Angleterre pour le baume de Gilead ; c'eſt pourquoi l'on a nommé ces arbres *Baumiers de Gilead,* quoiqu'ils ſoient bien différens du vrai baumier de Gilead, qui ſemble plutôt appartenir au genre des piſtachiers.

Le baumier de Gilead eſt de tous les Sapins connus juſqu'à préſent le plus beau, tant qu'il eſt jeune ; mais il eſt arrivé par-tout où l'on a planté cet arbre, qu'au bout de dix ou douze ans, il a commencé à dépérir, & d'autant plus vîte, que ſa croiſſance avoit été plus prompte. Lorſqu'il eſt près de décroître, on s'en apperçoit à la pro-

digieufe quantité de fleurs mâles & de
cônes dont il eſt alors chargé ; enſuite
ſa branche verticale s'incline, & il ſort
de ſon tronc beaucoup de térébenthine ;
bientôt il perd ſes feuilles, ce qui lui
cauſe enfin la mort à un an & demi ou
deux ans de là. Cette courte durée a
mis cet arbre en mauvaiſe réputation,
auſſi n'en voit-on preſque plus que chez
le Duc de Betford, à Woburn-abbey,
parmi ſes ſuperbes plantations d'arbres
toujours verds, où il s'en trouve pluſieurs d'une groſſeur paſſable, qui paroiſſent encore ſains & vigoureux : la
terre où ils y croiſſent eſt un ſable très-
profond, de maniere qu'ils peuvent étendre leurs racines ſans aucun empêchement ; & c'eſt là ce à quoi il faut attribuer leur bonne conſtitution.

Les quatre dernieres eſpèces de notre
catalogue ſont à préſent très-rares en
Angleterre. La neuviéme, *Abies pinum
ſimilans*, ſe trouvoit il y a quelque tems
dans le jardin de M. Edouward Morgan,
à Weſtminſter, & M. Doody, fameux
Botaniſte, en donna un rameau à M.
Ray. Les feuilles de cette eſpéce ſont

beaucoup plus longues que celles des autres : jufqu'à préfent elle n'a pas fructifié en Angleterre.

La dixième efpèce a été découverte en Orient, par M. Tournefort, qui en a envoyé des cônes au jardin du Roi, à Paris. Ce Sapin eft très commun dans les montagnes des ifles de l'Archipel, auffi bien que dans l'Iftrie & la Dalmatie : on peut en faire venir des cônes de ces pays ; & peut-être croît-il dans d'autres contrées plus proches de nous.

Les deux dernieres efpèces font très-communes à la Chine, d'où j'en ai eu de la graine & des rameaux. Mais comme on avoit tiré cette graine des cônes avant que de l'envoyer, les germes s'en font trouvés déffléchés & gâtés par le long trajet ; pas une n'a levé. C'eft pourquoi je confeille à tous ceux qui veulent élever par la femence, des arbres coniferes, de recommander qu'on leur envoye des cônes (*d*) mûrs & entiers,

---

(*d*) Il eft affez ordinaire que des commiffionnaires envoient des cônes vides. C'eft que les cônes de la précédente année reftent fur les arbres, & qu'après que le foleil a eu fait ouvrir leurs écailles, d'où la graine s'eft échappée, l'humidité a refermé ces mê-

qui ayent été cueillis avant que leurs écailles ne fuſſent ouvertes, & n'euſſent laiſſé échapper la graine, qui reſte aſſez long-tems propre à la germination, lorſqu'elle demeure enfermée dans les écailles bien cloſes des cônes.

Quelques nouveaux Botaniſtes n'admettent que deux eſpèces de Sapin, celui à feuilles d'if, qui donne la térébenthine, & l'Epicea, d'où découle la poix graſſe; ils penſent que tous les autres ne ſont que des variétés provenues de la graine de ceux-ci. Cependant j'ai conſtaté par des expériences réitérées, que les ſemences de toutes les eſpèces de notre catalogue, rendent conſtamment les mêmes arbres ſans nulle différence, excepté l'Epicea ou Peſſe, qui m'a donné ſouvent par ſa graine des variétés dans la longueur des feuilles & des cônes; ce qui m'a porté à croire, que le Sapin à fruit long incliné en eſt une, quoique l'on aſſure que la premiere ſemence avec quoi on l'a élevé

mes écailles. Pour être certain de cueillir des cônes de l'année, il ne faut prendre que ceux qui ſont les plus avancés ſur les branches.

en Angleterre , nous a été apportée de l'Amérique.

CULTURE.

Toutes les efpèces de Sapin, connues jufqu'à préfent, fe multiplient uniquement par la graine ; la feule différence dans les foins que demandent ces femis, confifte feulement, en ce qu'il faut garantir de la gélée pendant les deux ou trois premiers hivers, les efpèces qui viennent des pays plus chauds que le nôtre : après ce tems révolu, toutes fubfiftent (e) parfaitement en pleine terre, dans notre ifle. On obferve qu'il n'y a point de Sapins dans les pays très-chauds, & que ceux qui croiffent dans des contrées plus voifines du midi que l'Angleterre , de cinq ou de fix dégrés, ne s'y trouvent que fur les hautes montagnes, où le froid eft toujours extrêmement vif.

(e) Les fucs réfineux de ces arbres doivent les garantir du froid ; auffi voit-on que les Sapins, par les plus rudes hivers, ne perdent pas la moindre partie de leur fléche qui eft tendre. C'eft ce qui prouve qu'à crue égale un Sapin doit grandir davantage qu'un autre arbre , qui perd fouvent par la gélée une partie de fa pouffe de feconde féve.

La plûpart des efpèces de Sapin , connues jufqu'à préfent, fe plaifent dans une terre très-forte & très-profonde. Les plante-t'on dans une terre féche & légere? ils croiffent affez bien durant les premieres années, mais après avoir atteint la hauteur de trente ou de quarante pieds, ils perdent, le plus fouvent, leur verdure & leurs rameaux inférieurs: alors ils ne profitent prefque plus, & l'on a enfin le défagrément d'en voir périr à la fois de grandes & belles plantations.

Le Sapin commun (*f*) qui nous vient de Norwege, n'y croît que dans les plus baffes vallées, où la terre eft humide , argileufe & affez profonde. Comme dans de tels emplacemens, ces arbres parviennent à une hauteur furprenante, malgré qu'ils y foient couverts de neige durant la plus grande partie de l'hiver, ne pourroit-on pas fe flatter qu'ils profiteroient bien en Ecoffe & dans l'Angleterre fepten-

(*f*) *Abies tenuiori folio , fruƈtu deorfum inflexo.* Peffe, Epicea, Sapin de Norwege, Epinette, *Rothe-Tannen* chez les Allemands , gentil Sapin par les habitans de la Vôge.

trionale ? On devroit donc en faire de grandes plantations dans ces contrées; ces arbres y trouveroient un fol femblable à celui où ils croiffent dans leur pays natal , & à peu près le même climat. (*g*)

Toutes les efpèces de Sapin d'Amérique, y croiffent, particuliérement dans des lieux bas & humides, & dans une terre légère ; ceux qu'on a élevés en Angleterre, dans une pofition femblable, pouffent vigoureufement ; au lieu que ceux qu'on a plantés dans une terre féche ont péri, après avoir fait long-tems une mauvaife figure, hormis ceux qu'on a eu foin d'arrofer de tems à autres. Au refte ils font très-durs, de forte qu'on peut les mettre en pleine terre, & les placer là où ils doivent refter, dès qu'ils font hauts d'un pied.

Le Sapin à feuilles argentées, qui

(*g*) Ce font les Sapins de cette efpèce qui viendroient le mieux en plaine , & même au bord des eaux. Ils réuffiffent bien en Flandres , & j'en ai vus en Suiffe, dont le pied trempoit dans le marais , au fond des plus profondes vallées. On en a fait des plantations confidérables en Ecoffe , fuivant le confeil de notre auteur.

eft

eſt l'eſpèce nº. 1. croît fort bien dans un terrein pierreux, pourvu toutefois qu'il ne ſoit pas trop ſec, car par cet inconvénient, il en a péri ſubitement de grandes plantations, où ces arbres étoient déja parvenus à une hauteur conſidérable. Les plus grands Sapins de cette eſpèce que j'aye jamais vus, ſe trouvent à Farley, dans le Hamshire ; ils ont dix-huit pieds de haut, (*h*) & dix ou onze pieds de tour, ils ſont dans une terre limoneuſe rouge, & l'on m'a dit qu'ils avoient quatre-vingts ans.

Il ſeroit trop long de détailler les vertus médicinales de ces arbres, & leurs uſages pour les arts méchaniques. Ceux qui ſont curieux de ces particularités, pourront les chercher dans *J. Bauhini hiſtoria plantarum*, v. 1. p. 231. & dans l'hiſtoire des plantes de M. Ray, où elles ſont détaillées très-amplement. (*i*)

____

(*h*) Il eſt ſingulier que ces arbres ayent ſi peu de hauteur & tant de groſſeur. Apparemment qu'étant iſolés, leurs branches latérales ſe ſont accrues au détriment de la flèche, ce qui a fait groſſir prodigieuſement le tronc.

(*i*) Voyez auſſi le traité des Arbres & Arbuſtes

Qu'il me foit permis de parler ici des Pins ; quoiqu'ils foient fort éloignés des Sapins dans l'ordre abécédaire, ils leur reffemblent affez par la figure & par la culture qu'ils exigent, pour n'en être pas féparés. Ils font même fouvent confondus avec les Sapins, par ceux qui ignorent la botanique.

de M. Duhamel du Monceau, où ce favant & illuftre citoyen a eu foin de raffembler les détails les plus intéreffans fur les différens ufages qu'on peut faire de ces arbres, avec la maniere de tirer & de préparer les réfines qu'ils procurent.

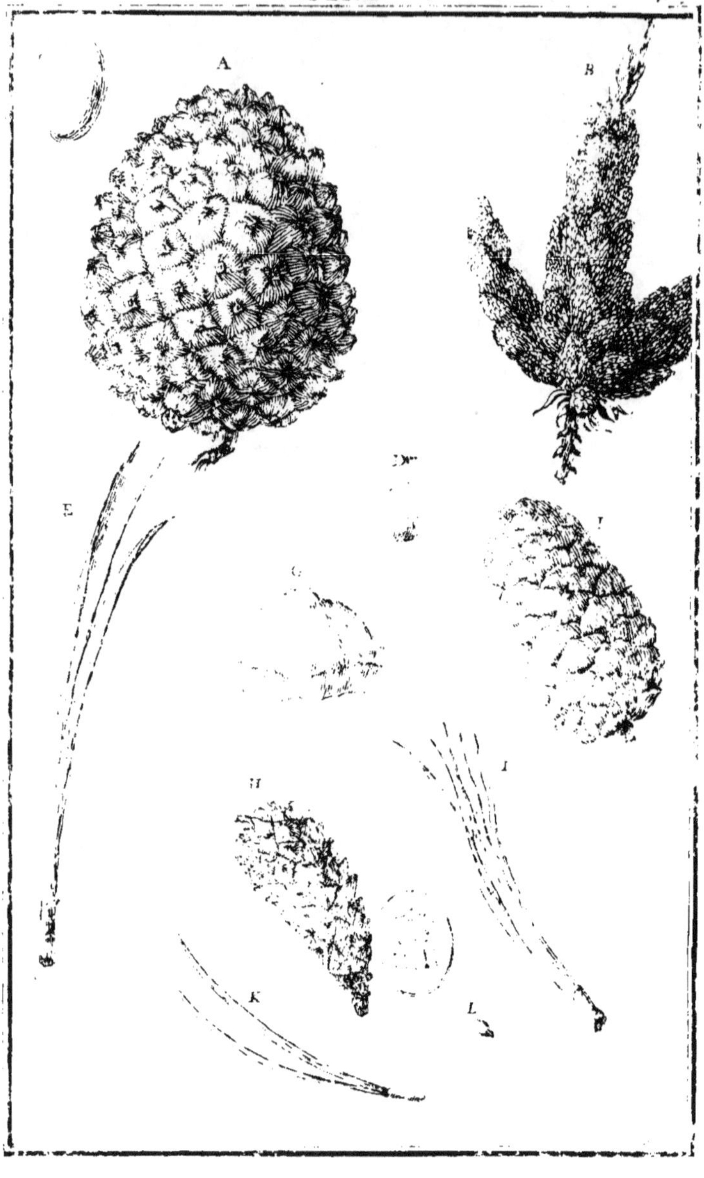

A
B
E
G
I
H
K
L

DES PINS.

PINUS, Pin, *en anglois* Pine-tree, *en allemand* Fichtenbaum.

Caractere distinctif du Pin.

Les feuilles des Pins font beaucoup plus longues que celles des Sapins, & font logées, au moins deux à deux, dans des efpèces de fourreaux membraneux.

Efpèces de ce genre connues en Angleterre.

1. *PINUS fativa.*
   Pin cultivé, Pin d'Italie.

2. *PINUS fylveftris.*
   Pinaster, Pin fauvage.

3. *PINUS fylveftris, foliis brevibus glaucis, conis parvis albentibus.*
   Pin d'Ecoffe.

4. *PINUS Americana, foliis prælongis, fubindè ternis, conis plurimis confertim nafcentibus.*
   Pin à cônes en grappe, Pin à trochets.

B 2

5. *PINUS Americana, ex uno folliculo, setis longis tenuibus triquetris, ad unum angulum, per totam longitudinem minutissimis crenis asperatis.*
Pin du Lord Weymouth.

6. *PINUS sylvestris montana tertia.* C. B. p.

7. *PINUS sylvestris montana altera.* C. B. p.

8. *PINUS sylvestris maritima, conis firmiter ramis adhærentibus.*
Pin sauvage maritime, dont les cônes tiennent fortement aux rameaux.
Grand Pin maritime.

9. *PINUS maritima altera Mathioli.* C. B. p.

10. *PINUS maritima minor.*
Le petit Pin maritime.

Variétés.
11. *PINUS humilis, julis virescentibus aut pallescentibus.* Inst. Rei. Herb.
Pin nain à chatons verdâtres.

12. *PINUS humilis, julo purpurascente.* Inst. Rei. Herb.
Pin nain à chatons pourpres.

13. *PINUS conis erectis.* Inst. Rei. Herb.
Pin dont la pointe des cônes regardent le ciel.

14. *PINUS Orientalis, foliis durioribus amaris, fructu parvo peracuto.* Tourn. Corol.

Pin d'Orient, à feuilles dures & ameres,
& à petits cônes pointus.

15 *PINUS Hierosolymitana, prælongis &
tenuissimis viridibus setis.* Plutk. Almag.
Pin de Jérusalem, à feuilles longues, très-
minces & très-vertes.

16. *PINUS Virginiana, prælongis foliis te-
nuioribus, cono echinato.* Plutk. Almag.
Pin de Virginie, à cônes épineux.

17. *PINUS Virginiana tripilis, seu ternis
plerumque ex uno folliculo setis, strolibus
majoribus.* Plutk. Almag.
Pin de Virginie, qui a le plus souvent
trois feuilles dans un fourreau; en allemand *Weyrauchbaum.*

18. *PINUS Virginiana, binis brevioribus &
crassioribus setis, minori cono, singulis
squamarum capitibus aculeo donatis.* Plutk.
Almag.
Pin de Virginie, à feuilles courtes &
épaisses, à petits cônes épineux.
Pin de Jersey.

19. *PINUS Americana palustris patula, lon-
gissimis & viridibus setis.*
Pin d'Amérique de marais, branchu, à
feuilles longues & très-vertes.
Pin de marais.

On cultive beaucoup le Pin n°. 1. dans les provinces méridionales de France, où il devient très-gros; en Italie il sert à décorer les maisons de campagne, appellées *villa*. Il se trouve aussi en Espagne, en Portugal, & dans la plûpart des pays chauds de l'Europe. Ses amandes se servent sur les tables: il y a quelques années qu'on en faisoit usage dans la Pharmacie, mais on leur a substitué les pistaches.

Les cônes de cette espèce de Pin, sont très-gros, & composés d'écailles larges & unies. Les amandes qui se trouvent sous ces écailles sont aussi grosses que des noisettes, mais elles ont la forme d'un œuf. Lorsqu'elles sont fraîchement tirées des cônes, leur coque, qui est très-épaisse & très-dure, est chargée d'une poussiere purpurine qui teint les mains. Chaque cône bien conditionné contient quatre-vingts amandes.

Les feuilles de cet arbre sont longues & d'un verd bleuâtre, elles croissent ordinairement deux à deux hors de chaque fourreau, cependant j'y en ai souvent trouvées trois, même

fur de jeunes arbres. Lorfque ces arbres font efpacés, leurs branches qui
partent du tronc, à une petite diftance
du pied, s'étendent au loin horizontalement : rarement s'élancent-ils ; le
plus fouvent ils affeftent la forme pyramidale.

On ne fait pas encore quel eft le
pays originaire de ce Pin, car il ne
croît de lui-même nulle part en Europe.
Tous les arbres de cette efpèce qui s'y
trouvent y ont été plantés.

Ce Pin eft très-commun en Chine,
d'où l'on m'en a fouvent envoyé des
cônes. Ses amandes fe font trouvées
parmi des matieres médicales qui venoient de ce pays. On reconnoît parfaitement ce Pin dans des payfages
peints à la Chine : malgré cela, je ne
puis affurer qu'il en foit originaire.

Ces Pins réuffiffent à merveille en
Angleterre, à l'abri des vents froids;
s'ils y font expofés, ils perdent ordinai-
ment leurs feuilles par les fortes gelées:
quelquefois même leurs pouffes tendres
périffent, ce qui leur donne un afpeft
défagréable. Ils font au contraire fort

beaux, lorfqu'étant placés dans un endroit abrité, ils croiffent avec vigueur. Au refte, il faut les planter fort près les uns des autres, pour que leurs tiges deviennent belles; car fans cette précaution, elles poufferoient fort près de terre, quantité de branches latérales, qui les empêcheroient de s'élancer.

Ces arbres très-réfineux perdent abondamment leur féve par les coupures; on ne doit donc jamais protéger le développement de leurs branches latérales, que l'on ne peut, par cette raifon, retrancher fans danger, une fois qu'elles font parvenues à une certaine groffeur.

Cette efpèce de Pin fe multiplie par fes amandes que l'on feme en Mars, dans une planche de terre légère expofée au levant. La meilleure méthode eft d'y faire des rigoles à trois pouces de diftance entr'elles, & de deux pouces (*a*)

(*a*) Je penfe que c'eft pour avoir trop enterré ces graines dures, & les avoir femées trop tard, que M. Miller fe plaint de ce qu'elles demeurent fouvent trois ou quatre mois, & quelquefois un an fans lever. J'ai femé de ces amandes en Décembre & en Février à un pouce de profondeur, & elles ont bien

de profondeur, dans lesquelles on laif-
fera tomber ces amandes à un pouce
les unes des autres. Si le printems eft
fec, il eft bon d'arrofer ce femis deux
fois la femaine ; car comme ces amandes font contenues dans une coque
fort dure, elles ne peuvent l'ouvrir
qu'à l'aide de beaucoup d'humidité :
mais du moment qu'elles germent &
lorfqu'elles commencent à paroître,
on ne doit plus arrofer que très-fobre-
ment ; trop d'eau feroit pourrir les
tiges tendres & herbacées de ces petits
arbres, qu'il faut auffi défendre contre
les oifeaux qui en font très-friands,
& contre l'ardeur du foleil qu'ils ne
peuvent fupporter durant la premiere
année. Ces abris, qui font indifpenfables, ferviront de plus à entretenir la
terre du femis dans une égale fraîcheur.
J'ai obfervé au refte, que ces amandes
demeurent quelquefois un an, (*b*) & fouvent trois ou quatre mois en terre fans

levé dès le mois d'Avril, mais alors quelques-unes
fe font trouvées pourries. Je crois m'être affuré que
le mieux eft, de les femer à la fin de Février, à un
peu plus d'un pouce de profondeur.
   (*b*) Renvoi à cette note.

lever, felon que le printems a été plus ou moins fec. C'eſt pourquoi il ne faut pas remuer la terre où on les a femées, lorſqu'il arrive qu'elles ne ſe montrent pas auſſi-tôt qu'on l'eſpéroit. Quand les météores ſont favorables, elles paroiſſent environ au bout de cinq ſemaines ; alors outre les ſoins énoncés ci-deſſus, il faut encore les ſarcler ſoigneuſement. Quelques légers arroſemens feront grand bien à ces petits Pins, mais ils les feroient pourrir à fleur de terre, s'ils étoient trop bruſques, trop abondans ou trop fréquens. Bien des ſemis de cette eſpéce de Pin ont péri peu de temps après s'être montrés, pour avoir été arroſés (*c*) indiſcrétement.

Comme la plûpart des eſpéces de Pin ont de la peine à paſſer le premier hiver, (*d*) & ſur-tout le Pin cultivé dont il eſt queſtion ici, la meilleure méthode que je puiſſe conſeiller, eſt de tranſplan-

---

(*c*) J'ai perdu un ſemis bien levé de ces Pins pour l'avoir trop arroſé, & ſur-tout pour l'avoir placé dans une ſerre humide pendant l'hiver.

(*d*) Quand ils reſtent ſerrés près les uns des autres dans des terrines ou caiſſes, ils pourriſſent aiſément pendant l'hiver.

ter les petits Pins des efpèces les moins
tendres, à la faint Jean, pour les mettre
à quatre pouces en tous fens les uns des
autres, dans une planche bien préparée.
Quant aux Pins cultivés, comme ils
font plus délicats que les autres, &
qu'ils ne fouffrent pas aifément plufieurs tranfplantations, il faut faire la
première à la faint Jean, (e) & tirer ces
petits arbres du femis, pour les mettre
chacun feul dans de petits pots, que
l'on enfoncera dans une plate-bande
ou dans une vieille couche, tout près
les uns des autres. Alors on les couvrira
de paillaffons pofés fur des arcades
faites avec des cercles de tonneaux,
afin que la terre ne s'y defféche pas fi
vîte, & que les petits arbres qui y
font fraîchement plantés ne fouffrent
pas de l'ardeur du foleil. Cette tranfplantation doit fe faire par un temps
nébuleux ; & de crainte que les racines
de ces petits arbres ne fe defféchent,
il faut fe pourvoir de vaiffeaux plats
emplis d'eau, dans lefquels on les pofera,

(e) C'eft-à-dire, quatre ou cinq mois après qu'ils
ont été femés.

& d'où on ne les tirera que fucceffivement, à mefure qu'on les voudra planter.

Il faudra mettre ces petits Pins dans
de plus grands pots, lorfqu'ils auront
rempli ceux-ci par leurs racines, après
lefquelles, pour cette fin, on doit laiffer le plus de terre qu'il fera poffible.
Enfuite il faut de nouveau enterrer ces
pots, ce qui les tiendra frais pendant
l'été, & empêchera durant l'hiver,
que la gelée, pénétrant par leurs côtés,
ne gagne jufqu'aux racines latérales,
ce qui arriveroit, s'ils étoient fimple-
ment pofés fur la terre.

On peut laiffer ces petits Pins trois
ou quatre ans dans les pots, alors ils
feront affez forts pour être plantés à
demeure; ce qu'on peut faire prefque
dans tous les tems de l'année, puifqu'on peut les enlever avec toute leur
motte de terre, fans qu'ils éprouvent
la moindre altération : cependant fi l'on
ne fait cette opération qu'en Avril,
peu de temps avant qu'ils ne pouffent,
on obtiendra cet avantage, qu'ils auront tout l'été pour s'établir & s'enra-

ciner dans leur nouvelle demeure , ce qui les mettra mieux en état de réfiſter à l'hiver ſuivant.

Quoique la culture de cette eſpèce de Pin ſoit pénible , je ſuis néanmoins convaincu qu'aucun des ſoins qu'elle exige ne ſont inutiles , & qu'on ne peut pas , par toute autre méthode, multiplier & tranſplanter ſûrement ces Pins : c'eſt ce dont je puis aſſurer les amateurs qui voudront en enrichir leurs jardins ou leurs plantations.

(ƒ) Le *Pinaſter* ſe cultive, il y a long-tems, en Angleterre ; cependant depuis quelques années on en fait moins de cas, parce qu'il perd ſes feuilles, & devient par là-même déſagréable à la vue, une fois qu'il a atteint une cer-taine hauteur. Au reſte , tant que les arbres de cette eſpèce ſont encore jeu-nes , ils pouſſent vigoureuſement, & ſont fort beaux ; mais plus ils devien-nent vieux, plus ils enlaidiſſent : à cette

(ƒ) M. Duhamel du Monceau m'aſſure par une lettre dont il vient de m'honorer, que ce *Pinaſter* eſt bien différent du Pin alviez , qui eſt appellé *Pinaſter* par Belon.

raiſon de ne plus les eſtimer, ſe joint encore celle de la mauvaiſe qualité de leur bois.

Le Pin d'Ecoſſe (*g*), que l'on appelle ordinairement Sapin d'Ecoſſe, eſt de tous les arbres de ce genre le plus utile, & il mérite par cette raiſon, d'être aſſez multiplié, pour qu'on puiſſe en faire de grandes plantations. Il croît dans preſque tous les pays & terroirs; j'en ai vu des bois plantés, réuſſiſſant très-bien dans des ſables arides qui n'avoient produit juſques-là que des fougeres & des bruyeres : j'en ai vu auſſi de grandes plantations ſur des côteaux infertiles, dont le ſol n'eſt qu'une craie recouverte ſeulement d'environ trois pouces de terre. Mais ce qu'il y a de plus étonnant, c'eſt que ce même arbre, ainſi que j'ai eu lieu de l'obſerver, croît merveilleuſement dans une forte

_____

(*g*) Il y a à l'Hermitage chez le Prince de Croy pluſieurs Pins de cette eſpèce, qui ſont déja hauts de huit pieds, & qui font le plus bel effet par le verd bleu & gai de leurs feuillages. Ce Seigneur qui ne quitte jamais l'étude du beau que pour la pratique du bien, aime beaucoup la Botanique, & a raſſemblé dans ſes jardins les arbres étrangers les plus précieux.

glaiſe, & juſques dans des terres humides.

Lorſqu'on veut planter une grande quantité de ces Pins, la meilleure méthode eſt de faire une pépiniere de l'endroit où l'on en a ſemé des pignons, & d'y élever les jeunes arbres juſqu'à ce qu'ils ayent trois ans; c'eſt le meilleur âge pour la réuſſite de leur tranſplantation, qui n'eſt jamais bien ſûre ſi l'on s'y prend plus tard. Lorſque le terrein que l'on veut garnir, de ces Pins, eſt expoſé aux grands vents, il faut les planter fort près les uns des autres, afin qu'ils ſe protégent mutuellement contre le froid, dont l'âpreté leur ſeroit nuiſible. Une fois cependant qu'ils viennent à ſe trop gêner, on peut les éclaircir en en coupant quelques-uns çà & là : & c'eſt le moyen de s'indemniſer des frais d'établiſſement, car le bois du Pin d'Ecoſſe, diſtingué des autres bois de ce genre par la dénomination de Pin jaune ou rouge, procure des cendres gravelées, & eſt propre à quantité d'autres uſages.

Ce Pin croît de lui-même en Dane-

marck, en Suede & dans d'autres contrées feptentrionales : on en trouve des
forêts dans les montagnes d'Ecoffe , &
comme c'eft de là qu'on a apporté fa
graine en Angleterre , on l'a appellé
Pin d'Ecoffe. En Norwege on le nomme *Grana.*

Le (*h*) Pin à trochets , n°. 4. de notre
catalogue , n'eft connu que d'un petit
nombre de perfonnes , car on cultive
fous ce nom , en plufieurs endroits , le
Pinafter , & les deux efpèces de Pin
de montagne. On appelle même communément *Pins à trochets* , tous ceux
des arbres de ce genre , dont les cônes
viennent par paquets fur les branches.
Cependant celui dont il s'agit ici , qui
a trois feuilles dans chaque fourreau ,
eft bien différent de tous ceux-là ; il nous
eft venu d'Amérique. Il y a quelque
temps qu'on voyoit encore dans le jar-

(*h*) Il y a dans les montagnes de la Lorraine un
Pin appellé par les habitans Pin à torches , mais
il ne diffère pas fenfiblement du Pin de montagne,
il n'en eft qu'une variété. La qualité du terrein lui
donnant apparemment plus de réfine , le rend plus
combuftible , ce qui fait qu'on s'en fert pour s'é-
clairer.

din

din de l'Evêque de Londres, à Fulham, trois arbres de cette espèce, qui ont porté pendant plusieurs années quantité de cônes, j'en ai comptés jusqu'à trente-neuf dans un seul paquet sur un jeune rameau ; & c'est avec la graine de ces trois Pins que les Bourgeois de Londres en ont multiplié l'espèce.

Le Pin n°. 5. de notre catalogue, appellé communément *Pin de la Nouvelle Angleterre* ou du Lord **Weymouth**, est le plus grand de tous les arbres de ce genre ; il est encore le plus beau, par le verd bleuâtre de ses longues feuilles qui se trouvent au nombre de cinq dans chaque fourreau, ce qui le rend très-touffu, & par l'écorce admirablement unie de ses branches & de son tronc.

Ce Pin prend de lui-même une forme pyramidale, & sa tige toujours bien droite, parvient en Amérique à la hauteur de plus de cent pieds. Il se trouve plusieurs grands arbres de cette espèce dans la terre de M. **Wyndham Knatchbult**, auprès d'Aschford dans la province de Kent : ils y sont restés inconnus pendant bien des années ; & il n'y en a pas plus de vingt-six qu'on a apporté leur graine à Londres pour la vendre. On voit auffi à Longleet, chez le Lord Weymouth , quelques individus fructifians de cette efpèce de Pin, qui a été appellée du nom du poffeffeur. (*i*)

Ses cônes font fort longs, & compofés d'écailles unies & tendres, contenant d'affez gros pignons qui en fortent fort aifément, & qu'il faut, par cette raifon, recueillir de bonne heure.

Cet arbre fe plait dans une terre humide (*k*) & légère, analogue à celle où il croît en abondance dans les pays dont il eft originaire, la Nouvelle Angleterre, la Virginie, la Caroline, & plufieurs autres contrées feptentrionales

(*i*) Ses pignons reffemblent un peu à ceux du Pin alviez, ils font un peu moins gros & font noirâtres ; ils fe confervent affez bien hors des cônes, & levent aifément, ainfi que je l'ai expérimenté.

(*k*) L'humidité de ma ferre ayant fait périr pendant l'hiver de 1764, tous les petits Pins d'Italie , la plûpart des Pins d'Ecoffe & quelques Pins maritimes, un Pin du Lord Weymouth qui étoit unique a parfaitement réfifté, ce qui prouve que cet arbre ne craint pas l'humidité.

de l'Amérique, où la couleur de son bois, qui étant fort tendre n'y est pas fort estimé, l'a fait nommer *Pin blanc.*

Quoiqu'il en soit, ce Pin est préférable à tous les autres pour la décoration, lorsqu'il pousse vigoureusement. Il supporte très-bien la rigueur de l'hiver dans notre isle, comme je m'en suis convaincu par le bon état de quelques jeunes arbres de cette espèce que j'avois élevés au jardin des Apothicaires, de graine envoyée de la Caroline, & qui ont été mis en pleine terre de fort bonne heure.

Toutes les espèces de notre catalogue, qui s'y trouvent entre le Pin du Lord Weymouth & le Pin d'Orient de Tournefort, croissent en Italie, en Espagne, en Portugal, en Autriche, & dans plusieurs autres parties de l'Europe, de même que bien d'autres variétés dont il n'est pas question ici, parce qu'on n'en a apporté qu'un petit nombre en Angleterre, & que n'étant connues que par les descriptions inexactes que nous en trouvons dans les auteurs, on ne peut guère les diſtinguer d'avec les autres.

La plûpart de ces eſpèces & variétés, croiſſant naturellement dans les pays montagneux de l'Europe, réſiſtent parfaitement au froid, & pourroient conſéquemment être élevées avec ſuccès en Angleterre, ſi l'on y envoyoit leurs pignons dans les cônes. Quelques-uns de ces Pins ne deviennent jamais de grands arbres, notamment les eſpèces nᵒ. 11. & 12. qui dans bien des endroits ne parviennent guère qu'à la hauteur de quatre pieds, & produiſent une grande quantité de cônes. Les autres eſpèces, ces deux-ci exceptées, reſſemblent beaucoup au *Pinaſter*, & par cette raiſon ne ſont pas fort belles; cependant on peut en planter quelques-unes parmi les plus précieuſes, pour augmenter la diverſité.

L'eſpèce nᵒ. 14. *Pinus orientalis*, a été trouvée par M. Tournefort, dans ſon voyage au Levant, d'où il en a envoyé des pignons au jardin du Roi. Ce Pin ſupporte très-bien le froid, & peut être élevé de la même maniere

que la plûpart des autres espèces. On
a quelquefois envoyé en Angleterre
des cônes de cet arbre, qui toutefois y
est assez rare maintenant.

L'espèce n°. 15. (*l*) croît sur une montagne proche d'Alep, & se trouve aussi
dans plusieurs autres parties de l'Orient:
ses cônes sont très-petits, & les pignons
qu'ils renferment sont dépourvus d'ailes.
Cette espèce est plus commune en Angleterre, que celle n°. 14. mais ces
deux Pins ne sont pas, à beaucoup près,
aussi durs que les autres, puisque j'en
ai perdus radicalement, par le froid de
1739, plusieurs, dont quelques - uns
avoient déja dix pieds de haut. Cependant ils supportent très-bien le froid
de nos hivers ordinaires. On trouve
encore deux Pins de Jérusalem dans le
jardin du Duc de Richmond, à Goodwood, dans la province de Suffex, lesquels portent depuis quelques années des
cônes, mais dont la semence n'a pas encore mûri. Les branches de ces deux Pins
du Levant sont minces & s'étendent au
loin, elles forment autour de la tige

(*l*) Le Pin de Jérusalem.

des couronnes aſſez éloignées les unes des autres, & très-irrégulieres. Leurs feuilles ſont longues, minces & d'un verd foncé. Leurs cônes reſſemblent un peu à ceux du Pin cultivé, mais ils ſont infiniment plus petits ; leurs pignons ſe conſervent en état de germer pendant quelques années, encore même qu'on les ait tirés des cônes : j'en ai ſemés qui avoient trois ans, & qui ont levé auſſi bien que ceux de la même année ; les petits arbres qui en ſont provenus, ont réuſſi ſans beaucoup de ſoin dans une planche de terre commune.

L'eſpèce n°. 16. (*Pinus Virginiana,* *&c.*) la dix-ſeptième, (*Pinus Virginiana tripilis, &c.*) la dix-huitième, (*Pinus Virginiana binis, &c.*) Pin de Jerſey, & la dix-neuvième (*Pinus Americana paluſtris*) croiſſent naturellement dans la Nouvelle Angleterre, le Maryland, la Virginie, la Caroline ; & c'eſt de ces contrées que nous avons tiré la graine avec quoi nous avons élevé beaucoup d'arbres de ces eſpèces. La ſeizième plantée dans une terre légère & humide, devient un grand arbre d'un bel aspect & d'une prompte croissance.

La dix-septième est encore plus belle, mais elle est à présent très-rare en Angleterre; les feuilles de ces deux Pins sont extrêmement longues, & sont logées par trois ou quatre dans les fourreaux; leurs cônes sont durs & ressemblent à ceux du Pin cultivé. Il se trouvoit plusieurs individus de ces deux espèces dans le jardin de M. Ball, auprès d'Excester; mais ils ont tous péri pour avoir été transplantés en mauvaise saison.

Le Pin n°. 18. mérite à peine une place dans une collection, par sa croissance irréguliere. Cet arbre ne devient jamais grand, même dans son pays originaire, & dans peu d'années devient laid en perdant ses feuilles. On en a élevé un grand nombre en Angleterre, depuis qu'on y a pris le goût de cultiver les arbres & arbustes étrangers, mais en bien des endroits ils ont fait si mauvaise figure qu'on les a arrachés.

On ne trouve présentement en Angleterre que fort peu de Pins de marais qui ayent une certaine hauteur; il y en avoit cependant plusieurs de dix pieds chez M. Ball, auprès d'Excester, mais comme ils ne lui plaisoient pas, il les a fait arracher. Cette dix-neuvième espèce croît dans les marais de l'Amérique, & par cette raison on a bien de la peine à l'élever dans un terrein sec, où elle ne pousse jamais vigoureusement. Ses feuilles sont fort longues & d'un verd obscur, son bois est tendre, son écorce raboteuse; ainsi cet arbre n'a guère de beauté. Il n'est pas d'ailleurs aussi dur que les autres, & demande d'être garanti des plus grands froids, tant qu'il est encore jeune.

Il se trouve encore d'autres espèces de Pin en Amérique, auxquelles les habitans de ces pays donnent d'autres noms qu'à celles que nous cultivons, bien qu'il soit difficile d'assigner une différence réelle entre les unes & les autres. Il n'est question ici que de celles connues en Angleterre.

Il se trouve aussi en Russie & en Sibérie, quelques espèces de Pin, différentes de toutes celles-ci. Comme le peu qu'on en a élevées en Angleterre, de pignons envoyés du Nord, ne profitent guère, nous n'efpérons pas de les voir parvenir à une certaine hauteur; & voilà la raifon pourquoi je n'en ai pas fait mention.

Maniere de faire de grands femis à demeure, de la plûpart des efpéces de Pins & de Sapins.

Après que le morceau de terre deftiné à être femé de pignons a été labouré profondément, afin de le purger des mauvaifes herbes, & particuliérement des bruyeres; il faut réitérer ce labour encore deux ou trois fois, en ayant foin de bien extirper toutes les racines, fur-tout celles qui font de nature à beaucoup ferpenter, lefquelles étoufferoient les jeunes arbres.

Ce travail préliminaire fini, il faut applanir la terre avec la béche, & la partager en petites planches (*m*) d'environ

Semis de
Pins & de
Sapins.

______

(*m*) On défireroit de favoir quelle diftance il faut mettre entre les planches dont il eft queftion ici : il y a apparence qu'il faut laiffer entr'elles six pieds en quarré ; on peut femer dans chacune dix ou douze pignons, qu'on couvrira d'un quart de pouce avec la terre locale, dont on aura préalablement ôté les plus groffes pierres, fans toutefois la tamifer, ce dont on verra la raifon ci-après. Enfuite de cette feconde préparation il faut éparpiller fur ces planches de la paille de pois ou quelqu'autre légère couverture, afin que les jeunes plantes qui ont encore, quelque temps après leur fortie de terre, leurs fommités enveloppées dans la coque de la graine, ne puiffent pas être arrachées par les oifeaux qui en font très-friands.

Cette couverture eft outre cela très-utile en garantiffant ce femis des vents defféchans. On peut la laiffer encore long-temps après que les graines font forties, pourvu néanmoins qu'elle ne foit pas trop épaiffe, ce qui mettant

un fentier d'un pied pour pouvoir les foigner ; & de cette maniere les arbres qui refteront au milieu de chacune, fe trouveront à fept pieds en tous fens les uns des autres, ce qui eft, pour bien du temps, une diftance convenable à ces arbres qui aiment d'être ferrés.

obftacle au courant d'air , pourroit affoiblir & étioler les jeunes arbres. Il faudra les rechauffer tous avec de la bonne terre pour accélérer leur végétation ; mais cela ne doit fe faire qu'après leur avoir ôté la pre- miere couverture , pour y fubftituer enfuite des rameaux de genêt ou de bruyere, afin de les garantir de l'ardeur du foleil, qui en brûleroit le plus grand nombre.

Quand la graine eft bonne (*n*) on peut compter dans chaque planche fur fix ou huit jeunes arbres, qu'on peut y laiffer enfemble jufqu'à la troifième an- née, où il conviendra d'entourer leurs pieds de litiere, pour les garantir de la rigueur de l'hiver & de la féchereffe de l'été; ce qui d'ailleurs économifera les

Semis de Pins & de Sapins.

(*n*) Pour pouvoir compter fur fix ou huit arbres, n'ayant femé que douze graines, non-feulement il faudroit être affuré que la graine eft bonne, mais il faudroit même l'être auffi que le temps fera favorable, & que les taupes, mulots, vers blancs & tant d'autres ennemis n'approcheront pas de votre femis. Je con- feille donc au lieu de douze graines d'en répandre une bonne pincée dans chaque planche. Que rifque- t'on? s'il vient trop d'arbres on les enlevera pour les mettre ailleurs.

de arrofemens, qui font prefque toujours plus dangereux que profitables.

Au bout de trois ans on peut enlever quelques-uns de ces jeunes arbres, pour les planter en maffif dans l'endroit que l'on jugera à propos, mais dont la terre aura été préparée de la même maniere que celle du femis. Le meilleur temps pour cette tranfplantation, c'eft un jour nébuleux de la fin de Mars ou du commencement d'Avril, où un vent doux & une chaleur moëlleufe fe font fentir. Il faut bien fe garder de la faire pendant que régne encore le vent deffféchant de Mars, qui de fon moindre fouffle tueroit les racines fibreufes de nos jeunes arbres. Il ne faudra pas les planter à plus de huit pieds en tout fens les uns des autres, attendu qu'à une diftance plus confidérable ils poufferoient trop de branches latérales, & ne s'élanceroient pas : & lorfqu'on voudra les arracher, il fera bon d'enlever & de conferver après leurs racines, autant de terre que l'on pourra, en prenant garde néanmoins de ne pas nuire aux racines de ceux qui doivent refter au nombre de deux dans chaque planche. Il faudra reboucher foigneufe-ment les trous qu'on a faits près de ces arbres, de crainte que les fibres de leurs racines ne fe defféchent, étant expofées à l'air.

Quand ces petits arbres tirés du femis feront plantés dans leur nouvel empla-cement, pourvoyez-vous de quantité de petits bâtons, pour les foutenir contre le vent qui pourroit les arracher (*o*), & mettez de la menue paille autour de leurs pieds, comme il a été dit plus haut. Qu'on les arrofe alors doucement, afin de coler la terre contre leurs racines, & fi le temps eft fec, que l'on répéte deux ou trois fois cet arrofement mo-déré.

On courroit de grands rifques en leur donnant trop d'eau ; car je puis affurer qu'il périt plus de jeunes arbres par des arrofemens trop brufques, trop abondans ou trop réitérés, que par toute autre caufe. C'eft pourquoi je

---

(*o*) Ou du moins ébranler leurs racines, avant qu'elles ne foient bien reprifes.

recommande, une fois pour toutes, de mettre de la litiere (*p*) autour de leurs pieds, lorſqu'ils ſont fraîchement tranſplantés, & de ne les arroſer ni trop ſouvent ni trop abondamment, de quelque eſpèce qu'ils ſoient, de crainte de faire pourrir leurs racines, comme je ne l'ai moi - même que trop expérimenté. Il faut bien ſe garder auſſi de retrancher leur fléche, (*q*) ce qui eſt nuiſible à tous les arbres, & mortel aux arbres réſineux.

Le Pin d'Ecoſſe croît admirablement ſur des côteaux, dont le fond de craie eſt ſeulement couvert de ſix ou huit pouces de terre. J'ai vu dans une ſemblable poſition les plus beaux arbres de cette eſpèce ; c'eſt dans une campagne appartenante à H. T. Guiſe, auprès de Great-marlow, province de Bukinhamshire. Ces Pins qui s'y trouvent en quantité, ſe multiplient d'eux-mêmes par les pignons qu'ils répandent abon-

(*p*) Miller conſeille ailleurs des gazons minces retournés, comme une couverture plus propre.

(*q*) Un arbre réſineux dont la fléche eſt coupée ſouffre beaucoup, meurt quelquefois ; s'il en réchappe il n'eſt plus qu'un buiſſon.

damment; mais quoique les arbres de cette espèce se plaisent particuliérement dans le terrein que je viens de désigner, ils ne laissent pas que de très-bien végéter dans un méchant sol sablonneux, pour peu qu'il soit mêlé de parties nutritives, de même que dans une bonne terre plus séche (r) qu'humide. Il est vrai qu'ils aiment à couronner les monts & les côteaux exposés au nord ou à l'ouest.

Les Sapins communs, ou de Norwege (s), demandent une bonne terre grasse. En Suede & en Norwege ils croissent ordinairement dans le fond des vallons, ou dans des plaines unies, où il se trouve une couche épaisse de terre limoneuse; au lieu que dans ces mêmes pays le (t) Pin d'Ecosse ne se trouve que sur les rochers, dans les crévasses desquels il étend ses racines.

La plûpart des Pins & Sapins

(r) Miller a dit ci-devant que ce Pin vient aussi dans les glaises les plus humides.

(s) *Abies tenuiori folio, fructu deorsum inflexo.* Epicea, Pesse.

(t) J'en ai vu un de dix-huit pieds de haut sur une muraille fort haute & peu épaisse.

d'Amérique aiment une terre humide & meuble, où ils végétent très-bien. A peine peuvent-ils subsister dans une terre très-séche, comme on peut s'en convaincre, en jettant les yeux sur le plus grand nombre des plantations de ces arbres, faites depuis quelques années.

Le Sapin à feuilles argentées (*v*) & le Pin cultivé s'accommodent beaucoup mieux d'une terre séche, que les espèces ci-dessus mentionnées, pourvu qu'elle ait plus de fond que celle que demande le Pin d'Ecosse, & qu'elle ne soit pas exposée aux vents de nord & de nord-ouest, souvent mortels à ces arbres lorsqu'ils sont encore jeunes.

Au reste, je dois déclarer qu'une (*x*) terre améliorée & fumée, en un mot, qu'une terre trop grasse ne con-

---

(*v*) *Abies taxi folio, fructu deorsum inflexo,* ou peut-être *Abies taxi folio, fructu sursum spectante.*

(*x*) Si le terrein de la pépiniere étoit par trop mauvais, ce seroit bien pis encore ; les arbres y deviendroient rachitiques, les vaisseaux de la séve s'obstrueroient, & jamais ils ne pourroient plus reprendre vigueur, quand même on les planteroit dans la meilleure terre.

vient

vient nullement à pas une espèce de Pin & de Sapin, & qu'en général il est essentiel d'élever tous les arbres quels qu'ils soient, dans une terre à peu près de la même qualité que celle de l'emplacement où l'on se propose de les planter à demeure. Il faut donc bien se garder d'établir des pépinieres dans de trop bons terroirs, comme cela se pratique ordinairement, sur-tout lorsque les arbres qu'on y éleve sont destinés à être plantés dans un sol maigre. Cette faute est selon moi, la principale cause de l'état de langueur de la plûpart des plantations.

Revenons à notre semis. Les deux petits arbres qu'on a laissés dans chaque planche ne doivent y rester ensemble que pendant six ou sept années ; au bout de ce temps, arrachez celui qui profite le moins, & conservez celui qui se montre le plus vigoureux ; mais prenez bien garde d'endommager les racines de l'arbre qui demeure, en faisant cette transplantation, qui ne doit se commencer que dans la saison que nous avons déja indiquée.

D

Les arbres que l'on tire alors de ce femis, étant déja d'une certaine force, font très-propres à former des avenues, des amphithéatres (*y*) & des bofquets d'hiver. Il faut avoir attention, en faifant ces plantations, de placer le *Pinafter* & le Pin d'Ecoffe dans les parties (*z*) les plus extérieures, parce que ces deux efpèces font celles qui pouffent le plus vivement dans notre pays, & qui réfiftent le mieux aux vents froids.

Je ne finirai pas cet article fans don-ner la méthode de faire de petits femis de Pins & de Sapins, dans le deffein d'en élever ce qu'il en faut pour bor-der des chemins, faire des avenues, ou former des bofquets d'hiver ; ce à quoi les Cédres, les (*a*) Méléfes,

(*y*) C'eft une plantation faite de maniere que les plus petits arbuftes fe trouvent fur le devant, & les plus grands arbres dans le fond, par une grada-tion intermédiaire.

(*z*) Miller fait bien entendre par là, qu'il faut placer les efpèces les plus délicates dans les parties intérieures ; & véritablement je crois qu'on pourroit former des bofquets, de maniere à s'y ménager des expofitions, pour les arbres les plus frilleux.

(*a*) La plûpart des Méléfes quittant leurs feuilles, ne peuvent pas figurer avec les arbres toujours-verds.

& tous les arbres étrangers de cette claſſe peuvent être propres ; pourvu toutefois qu'ils ne ſoient pas originaires de pays beaucoup plus chauds que le nôtre.

Il faut pour cette fin ſe pourvoir de quelques caiſſes, qui n'ayent pas plus de ſix ou huit pouces de profondeur, & dont la largeur & la longueur ſoient proportionnées à la quantité de graines qu'on ſe propoſe d'y ſemer ; en obſervant néanmoins qu'elles ne ſoient pas trop grandes, pour qu'elles ne ſoient pas trop difficiles à tranſporter : car je ne m'en ſers préciſément que pour pouvoir changer ce ſemis de place à volonté, & le mettre, en cas de beſoin, au logis pendant l'hiver. Leur fond doit être percé de pluſieurs trous placés çà & là, que l'on couvrira chacun d'une écaille d'huître ou d'un fragment de tuile, pour qu'ils ne puiſſent pas être bouchés par la terre, & pour procurer par là d'autant mieux l'écoulement de l'humidité ſuperflue. Si l'on veut, outre cette précaution néceſſaire, mettre au fond de ces caiſſes une couche d'éclats de pierre ou de moëllon brifé, l'eau tranffudera encore plus fûrement, & la terre fera maintenue plus meuble autour des racines des jeunes arbres.

Le mélange que l'on doit préférer, pour emplir ces caiffes, eft une terre prife fous le gazon, qui ne foit ni trop forte ni trop légère, à laquelle on ajoutera des décombres pulvérifés, & fi elle eft trop compacte, du fable de mer. (*b*) Mais il faut bien fe garder de la cribler, comme l'on fait ordinairement ; on doit fe contenter d'en ôter les plus groffes pierres, qui pourroient mettre obftacle à la végétation : car lorfqu'on en ôte jufqu'aux plus petits caillous, fes molécules fe rapprochent tellement les unes des autres, qu'elle ne forme plus qu'une maffe qui retenant l'eau, fait pourrir tout ce qu'on y a femé & planté. S'il vient enfuite un temps chaud, la fuperficie de cette terre forme une croute dure, qui empêche les arrofemens & les pluies

____

(*b*) Le fable de riviere eft très-bon, & tout autre fable fec dont les parties font défunies. Un fable trop fin & un fable gras ne vaudroient rien.

dé pénétrer également par-tout.

Quand ces caisses seront emplies de terre, de la maniere que je viens de détailler, il faudra en unir la superficie, & y répandre la graine avec assez de profusion ; puis on couvrira cette graine de trois lignes (*c*) de la même terre, & l'on mettra sur le tout un peu de paille de pois.

Ces caisses doivent être placées de maniere qu'elles jouissent du soleil levant, & qu'elles soient protégées contre l'ardeur du midi, par des arbres ou des buissons ; mais elles ne doivent jamais être posées au pied d'un mur ou d'une haye, parce que les rayons du soleil réfléchis sur les jeunes arbres les endommageroient extrêmement. On les arrosera quelquefois, mais ni trop souvent ni trop abondamment.

Le temps le plus convenable pour faire ce semis, est le même que pour le grand semis.

______

(*c*) Il n'y a que les graines des Epiceas & des Pins de montagnes, qui demandent d'être si peu couvertes de terre, toutes celles des autres espèces doivent l'être davantage, à proportion de leur grosseur.

Après la saint Michel, il sera bon d'ôter une couche mince de la superficie de la terre de ces caisses, parce qu'alors elle est couverte de mousse. Cette opération doit se faire avec bien de l'adresse & de l'attention, pour que les jeunes arbres n'en souffrent pas. Ensuite de quoi on répandra, à la place de la petite croute de terre enlevée, un peu de terre séche, qui ait été mêlée de sable & de décombres pulvérisés, afin d'empêcher qu'elle ne retienne l'eau. Mais en répandant cette terre, on aura grande attention qu'il n'en reste point sur la fléche des jeunes arbres, que cette précaution fortifiera & mettra mieux en état de supporter l'hiver.

Dans ce temps aussi, transportez ces caisses dans un endroit chaud, par exemple, au pied d'une haye exposée au midi, & posez-les sur des pierres, pour qu'elles demeurent plus séches. Au cas que le froid soit trop vif pendant l'hiver, il faut jetter sur ce semis du genêt ou quelque autre légère couverture. Je ne puis conseiller de le mettre au logis pendant la rigoureuſe ſaiſon, hors qu'il ne contienne des eſpèces venues des pays chauds.

Ces jeunes arbres doivent reſter dans les caiſſes juſqu'à la ſeconde année ; alors il conviendra de les mettre en pépiniere, pour y reſter durant quatre ou cinq (*d*) ans. Le meilleur temps pour cette tranſplantation, c'eſt la fin de Mars ou le commencement d'Avril. Comme on doit y procéder ſelon la méthode que j'ai détaillée, en parlant des grands ſemis, je renvoie le lecteur à cet article : mais je dois ajouter, que quand le fond du ſol de la pépiniere eſt gras & limoneux, il eſt néceſſaire de relever la terre en planches bombées, pour y planter les petits arbres; & qu'il faut former d'aſſez gros monticules avec la ſuperficie de la terre, fut-elle ſablonneuſe ou crayonneuſe, pour y placer les Pins & Sapins d'une certaine force, que l'on veut planter à demeure.

(*d*) Au bout de quatre ou cinq ans les **Pins** & **Sapins** peuvent être plantés à demeure dans un terrein enclos, mais non pas en raſe campagne.

Jamais il ne faut, suivant la pratique usitée, planter les arbres quels qu'ils soient dans des trous faits dans le sable (*e*), la craie ou la glaise, car l'eau s'y arrête & pourrit les racines des arbres qu'on y plante ; & quand même ces arbres profiteroient bien pendant cinq ou six ans, on doit être sûr, qu'au bout de ce temps, ils languiront & deviendront rachitiques, parce qu'ayant consommé l'amas de terre contenu dans ces trous, leurs racines ne pourront pas percer les parois de ces mêmes trous. C'est faute de suivre notre méthode qu'on voit si peu de plantations, dont la croissance soit telle qu'on auroit lieu de l'espérer.

Souvent les Pins & les Sapins ne font que vivoter trois ou quatre ans après avoir été transplantés ; mais sont-ils une fois accoutumés à leur nouvelle habitation, ils se dédommagent assez de ce retard, puisqu'ils croissent alors à peu près d'une aune annuellement : quelques-uns de ces arbres parviennent même quelquefois à une hauteur pro-

(*e*) Le sable gras retient l'eau comme la glaise.

digieufe ; il en eft qui montent jufqu'à cent pieds.

C'eft pourquoi plufieurs perfonnes d'une grande fagacité, fe font étonnées qu'on n'ait pas planté, en plus grand nombre, ces arbres dont les propriétés font connues & exaltées. 1. Ils fe multiplient aifément. 2. Ils croiffent très-bien là où d'autres arbres ne feroient que languir. 3. Après les cinq ou fix premieres années ils ne demandent plus aucuns foins. (*f*) 4. Ils font verds quand tout eft décoloré, & font tous d'une forme femblable. Enfin, ils font par deffus tout de la plus grande utilité pour différens befoins de la vie, ce qu'on trouvera plus amplement détaillé dans l'excellente (*g*) hiftoire des plantes de M. Ray, v. 11. pag. 1400.

Lorfque les femences de ces arbres demeurent dans les cônes, elles s'y confervent pendant plufieurs années

(*f*) S'ils font plantés en maffif autrement il faut quelquefois les élaguer, ce qu'on ne doit faire que peu à peu, & dans le temps que la féve n'agit pas.

(*g*) Voyez auffi le traité des arbres & arbuftes de M. Duhamel du Monceau.

propres à la germination. Un homme digne de foi m'a dit qu'ayant femé des graines tirées d'un cône cueilli depuis vingt ans, quelques-unes avoient très-bien levé : & je puis affurer d'après ma propre expérience, que des graines tirées de cônes cueillis depuis cinq ans, ont très-bien réuffi.

Cette obfervation eft très-utile, car puifque cette graine refte bonne fi long-temps, nous ne pouvons prefque pas douter qu'on ne puiffe en faire venir des parties du monde les plus reculées, pourvu qu'on la tranfporte dans les cônes. Quand on l'en tire pour l'envoyer au loin, elle ne refte que fort peu de temps propre à la germination; c'eft par cette raifon que les femences du Sapin à feuilles argentées, font fi rarement bonnes lorfqu'elles nous arrivent ; au lieu que les cônes boifeux des Pins, retiennent (*h*) opiniâtrément leurs graines, ceux du Sapin à feuilles argentées, dès qu'ils font mûrs, la laiffent échapper ; c'eft pourquoi ce fera

____

(*h*) Excepté le Pin alviez qui eft dans le cas du Sapin à feuilles argentées.

très-bien fait de conserver ces graines dans du sable fin & sec jusqu'au printemps, qui est la saison de les mettre en terre.

Culture des Pins d'Amérique.

Tous les Pins d'Amérique s'élevent de graine, que l'on seme en Mars dans des caisses emplies d'une terre légère. Il ne faut couvrir ces graines que d'un quart de pouce de terreau tamisé, ou de quelqu'autre substance terreuse de la même nature. Ces arbres sont fort délicats au sortir des pignons, c'est pourquoi il est nécessaire de les traiter avec une attention scrupuleuse durant le premier été. Tenez-les donc à l'ombre, au moyen de papiers huilés ou de paillassons, mais ôtez cette couverture chaque nuit, excepté qu'il ne fasse un temps froid ou orageux. Ces arbres craignent extrêmement les grands vents & une trop grande humidité, pendant leur premiere & foible végétation ; sont-ils un peu fortifiés, ils supportent très-bien le mauvais temps. Ils demandent d'être arrofés fouvent, mais il ne faut leur donner que peu d'eau à la fois. Vers le milieu de l'été, il fera bon de commencer à les accoutumer peu à peu au foleil, en ôtant les paillaffons plus tôt après midi, & les remettant plus tard le matin, de maniere que pour la mi-juillet ils puiffent fe paffer d'être couverts. Alors ils demandent encore d'être arrofés, mais feulement lorfque le temps eft fec. A la fin d'Octobre il faudra ranger les petites caiffes où font ces arbres, dans une grande caiffe à vitrage, afin de les garantir pendant l'hiver des plus grands froids & des plus fortes pluies, ayant attention de leur donner de l'air, autant qu'il fera poffible, lorfque le temps fera doux.

Au printemps fuivant on pourra tranfplanter ces petits Pins dans une planche d'une bonne terre légère, dans un endroit clos : c'eft au commencement d'Avril que cela doit fe faire, au cas que l'air foit chaud ; s'il furvenoit du froid, il vaudroit mieux attendre encore quelque temps. Il faut avoir grande attention ; comme je l'ai déja dit, de planter ces petits arbres à mesure qu'on les tire du semis, car pour peu qu'on laisse leurs racines à l'air, comme elles sont très-menues & trèsdélicates, elles se desséchent, & ont alors bien de la peine à reprendre.

Après les avoir arrachés du semis avec beaucoup de précautions, plantez-les à dix pouces ou un pied en tout sens les uns des autres, & aussi-tôt qu'ils seront plantés, arrosez-les en pluie, pour bien imbiber la terre & y bien coller les racines. Cela fait, formez sur ces petits Pins, une arcade avec des cercles de tonneau ou de perches de saule, & posez dessus des paillassons ou des feuilles de papier huilé, afin de les abriter contre l'ardeur du soleil & les vents désséchans, jusqu'à ce qu'ils soient bien enracinés. Alors il faudra les accoutumer peu à peu à l'air libre, & mettre de la paille menue autour de leurs pieds, & même sur toute la planche, pour empêcher que les fibres délicates & peu nombreuses de leurs racines ne se desséchent : elles périroient infailliblement, fi on ne les tenoit dans une humidité modérée, par cette pré-caution, & par quelques arrofemens légers. Si l'hiver eft rigoureux, il leur fera très-profitable d'être couverts de rameaux de chêne, qui confervant leurs feuilles, les pareront très-bien du froid, & néanmoins ne font pas affez touffus pour ôter tout accès à l'air. Cependant quand le froid fera paffé, il faudra les ôter, mais petit à petit; car fi l'on ex-pofoit ces jeunes plantes à l'air libre tout à coup, on en perdroit un plus grand nombre, que fi elles euffent été livrées à toute l'intempérie de la mau-vaife faifon.

Ces petits Pins d'Amérique peuvent refter deux ans dans cette pépiniere : au bout de ce temps il fera bon de les planter là où ils doivent ref-ter; (*i*) car s'ils font trop forts, ils ne peuvent plus fupporter la tranf-plantation, que l'on ne doit faire qu'au commencement d'Avril, peu de temps

______

(*i*) Ceci a été répété bien des fois, mais cela prouve combien notre auteur eft convaincu de l'im-portance de cette pratique.

avant qu'ils ne pouffent, par un temps nébuleux ou pluvieux. Alors on les enlevera avec de bonnes mottes, pour les porter dans les trous, qui doivent être faits & humectés par avance, de crainte que ces petits arbres ne pâtiffent, leurs racines étant trop long-temps expofées à l'air. Une fois qu'ils feront plantés, il faudra les arrofer afin de coller la terre contre leurs racines, & mettre de la paille menue à leurs pieds, pour prévenir le defféchement. Arrofez-les enfuite doucement trois fois la femaine, fi le temps eft fec. Sont-ils une fois bien repris & enracinés, ils ne demandent plus que d'être foigneufement farclés, pour empêcher que les mauvaifes herbes ne nuifent à leur croiffance.

Toutes les efpèces de Pin d'Amérique aiment une terre plus humide que féche, & particuliérement la dix-neuvième, par les raifons que j'ai déja dites. Cet arbre (*k*) a un port affez fingulier, il fort de fon tronc fort près de terre, des branches qui s'étendent au loin horizontalement, & ne montent jamais.

(*k*) *Pinus Americana paluftris.* Pin de marais.

Le Pin n° 18. eſt le plus commun dans l'Amérique ſeptentrionale, où les naturels du pays le nomment *Pin de Jerſey*.

Comme les Pins d'Europe croiſſent d'ordinaire ſur les côteaux & ſur les montagnes, ils ſe plaiſent dans un terrein ingrat & pierreux, où pas un autre arbre ne vient auſſi bien : ſi donc on vouloit faire une grande plantation d'arbres de ce genre, dans un lieu où, entre deux côteaux, il ſe trouveroit un terrein bas & humide, ce ſeroit dans ce fond qu'il faudroit placer les Pins d'Amérique. De cette maniere toute la plantation paroîtroit de loin n'être compoſée que de la même eſpèce, & de près la variété de port & de feuillage des eſpèces différentes, formeroit un coup d'œil raviſſant.

(*l*) Je finirai ce chapitre par quelques obſervations découſues que je me rappelle, & qui ſont importantes.

§. Il eſt bon de ſavoir que ſi l'on

____

(*l*) Ici j'ai pris la liberté de retrancher des choſes qui ont déja été dites pluſieurs fois.

veut

veut garder dans les cônes les pignons de la plûpart des espèces de Pin, parce qu'ils s'y conservent très-long-temps en état de germer, il faudra tenir ces cônes en été dans un lieu frais; car si on les met dans un endroit chaud, leurs (*m*) écailles s'ouvrent, & laissent échapper les pignons.

§. Je ne saurois assez recommander de couvrir de filets les petits semis de Pins & de Sapins, qui sans cela seroient détruits par les oiseaux, peu de temps après la germination.

§. Comme la pratique de transplanter ces arbres vers la saint Jean de leur premiere année, m'a toujours très-bien réussi, je ne puis m'empêcher de

(*m*) Les cônes du Pin alviez, *Pinaster foliis quinis, cono erecto, nucleo eduli. Haller. Halv.* sont composés d'écailles fort tendres, d'où les amandes sortent aisément, ainsi il ne faut pas craindre que celles que l'on vend à Coire pour servir sur les tables, ayent été tirées des cônes par le feu ; on les en a tirées avec les doigts. Le mieux est donc de faire venir de ces amandes rangées par lits, entremêlés de lits de sable fin & sec, & de prier qu'on les envoye aussi-tôt après avoir été tirées des cônes. Si on les envoye dans les cônes, l'humidité qui entre dans leurs écailles herbacées fait moisir les graines, j'en ai fait plusieurs fois l'expérience.

E

conseiller d'en faire usage. Lorsqu'on laisse ces petits arbres dans les semis, il s'y trouve des parties où ils périssent tout à coup : le peu qu'il en reste n'est jamais si vigoureux le printemps suivant, que ceux qui ont été transplantés.

§. Pour confirmer de plus en plus ce que j'ai déja dit plusieurs fois, savoir, que les Pins & Sapins ne réussissent jamais mieux que lorsqu'ils ont été plantés très-jeunes à demeure ; je puis assurer avoir vu dans des plantations où l'on avoit mêlé des Pins d'un pied de haut parmi d'autres de six ou sept, que les premiers au bout de dix ans ont rattrapé, & ensuite surpassé les seconds.

§. Cependant si la place où l'on veut faire une grande plantation de ces arbres, n'est pas encore prête, on peut les tirer de la premiere pépiniere pour les cultiver dans un autre endroit pendant deux ans.

§. Quoique le Pin d'Ecosse, & quelques autres espèces dures puissent être transplantées en motte, pendant l'hiver, cependant ce doit être une régle générale & invariable de ne faire cette opération que dans les premiers jours d'Avril.

§. Lorſqu'on plante ces arbres dans un endroit fort expoſé aux vents, il faut les mettre fort près les uns des autres, afin qu'ils s'abritent mutuellement. Par la ſuite on pourra en couper une partie, mais cela ne doit ſe faire que peu à peu, car ſi l'on éclairciſſoit cette plantation tout à coup, l'air y pénétreroit trop aiſément, & les arbres ne croîtroient plus ſi bien.

§. Bien des gens reprochent aux ar-bres qui ne quittent pas leurs feuilles, d'être d'un verd ſombre en été. Je veux que cela ſoit, mais du moins en hiver font-ils un effet admirable plantés en maſſif près d'une maiſon de plaiſance, & en été même les différentes nuances de leur verdure, mêlées avec celle des autres arbres, augmentent de beaucoup le plaiſir qui naît de la variété.

DU MÉLÉSE.

LARIX en latin. LARIX vient de LAROS, qui veut dire agréable, parce que les feuilles de cet arbre ont une odeur gracieuse. Cet arbre s'appelle en françois MÉLÉSE, en anglois LARCH-TREE, & en allemand LERCHENBAUM.

Caractere distinctif du Mélése.

LEs feuilles du Mélése sont longues & étroites, & sortent de petits boutons obtus qui ressemblent à des pinceaux, ces feuilles tombent en hiver (*a*). Ses cônes sont oblongs & petits, & souvent ils sont transpercés par leur pédicule, dont le prolongement forme une petite branche au bout de quelques-uns de ces cônes. Les fleurs mâles & les fleurs femelles se trouvent sur le même individu, à quelque éloigne-

(*a*) Excepté celles du Cédre du Liban dont il est parlé à part, bien qu'il soit un vrai Mélése.

ment les unes des autres. Les fleurs
mâles ſont ordinairement placées ſous
les rameaux ; lorſqu'elles commencent
à pouſſer, elles reſſemblent à de petits
cônes.

Catalogue des eſpèces de Mélése.

1. *LARIX folio deciduo conifera.* J. B.
   MÉLÉSE rouge.

2. *LARIX folio deciduo, rudimentis conorum
   candidiſſimis.* Plutk. Alm.
   MÉLÉSE blanc.

3. *LARIX Syberienſis.*
   MÉLÉSE de Sybérie.

4. *LARIX Americana, conis ovatis obtuſis,
   nigra.*
   MÉLÉSE d'Amérique.

La premiere eſpèce eſt maintenant
très-commune dans les jardins d'Angleterre. Cet arbre eſt originaire des
Alpes & des Pyrénées, mais il croît très-
bien dans notre iſle, ſur-tout lorſqu'on
le plante dans un lieu élevé, comme on
peut le voir par ceux qu'on a plantés il
y a quelques années à Wimbleton dans
le Comté de Surrey, qui ſont déja

beaux & grands, & portent annuellement des cônes mûrs.

La seconde espèce paroît n'être
qu'une variété venue de la graine de
la premiere , puisqu'elle n'en differe
que par la couleur de ses fleurs mâles
qui sont blanches, au lieu que celles de
la premiere sont rouges. Il est vrai qu'on
remarque une légère différence entre
les feuilles de ces deux espèces, en ce
que celle de l'espèce n°. 2. sont d'un
verd plus clair; ce Mélése paroît ne pas
être aussi vigoureux que le premier.
Je ne puis pas dire si ses graines rendroient constamment la même espèce,
attendu que quelques Méléses blancs
que j'ai élevés de graine, n'en ont pas
encore porté. Au reste, on peut le
greffer sur l'espèce (*b*) n°. 1.

Ces arbres s'élevent de graine que
l'on doit semer dans une planche de
terre légère, à l'exposition du levant,
ou bien dans des caisses ou pots que l'on
emplira de terre légère, & que l'on

____

(*b*) Il seroit bien à désirer qu'il fût dit ici quelle
espèce de greffe est propre à cet arbre résineux. Je
crois qu'il n'y a que la greffe en approche.

poſera (*c*) au pied d'une haye qui ne reçoive que le ſoleil du matin. Il faut couvrir cette graine d'un demi (*d*) pouce de terre légère, & l'arroſer doucement lorſque le temps eſt très-ſec. Si elle eſt bonne, elle paroîtra au bout d'environ ſix ſemaines : alors il faut défendre ſoigneuſement ce ſemis contre les oiſeaux ; ils arracheroient, ſans cela, les petites plantes, qui au ſortir de la graine en portent encore pendant quelque temps la coque à leurs ſommités. Alors auſſi il faudra arroſer quelquefois ce ſemis par les temps ſecs, ſur-tout s'il eſt dans des pots ou dans des caiſſes, & le nettoyer exactement des mauvaiſes herbes qui étoufferoient en peu de temps ces jeunes arbres ſi délicats, qu'ils ne peuvent ſouffrir pendant les premiers mois ni le ſoleil ni les grands vents. Au mois d'Octobre s'ils ſont dans des pots ou dans des caiſſes, il faudra les

(*c*) Il faut les enfoncer en terre, ſans quoi on feroit obligé d'arroſer trop ſouvent.

(*d*) L'expérience m'a appris que c'eſt trop de plus de la moitié, & que des graines de Méléſe ainſi recouvertes ou ne levent pas du tout, ou ne ſe montrent que fort tard & en très-petit nombre.

placer dans un endroit où ils foient à l'abri des vents froids, qui leur font fort nuifibles tant qu'ils font très - jeunes, quoiqu'ils les fupportent à merveille étant plus âgés, & qu'ils réfiftent même au froid le plus exceffif de notre climat.

A la fin de Mars (*e*) ou au commencement d'Avril ces petits Méléfes doivent être plantés dans une planche d'une terre fraîche, à dix pouces en tout fens les uns des autres, ayant attention de mettre de la menue paille autour de leurs pieds, & de les arrofer quelquefois, de peur que le foleil & le vent ne portent la fécherefle jufqu'à leurs tendres racines. Ils peuvent refter pendant deux ans dans cette planche. Durant ce temps il faudra les nettoyer avec foin, & fi quelques - uns croiffoient de travers, ce qui n'arrive que trop fouvent. Il feroit bon de les attacher après de petits bâtons pour les dreffer; car fi pendant leur premiere jeuneffe on leur

(*e*) Miller dit dans un autre endroit, que comme ces arbres pouflent de très - bonne heure , il faut les tranfplanter au plus tard au mois de Février, quand on n'a pas pu le faire à la faint Michel.

a laiſſé prendre un mauvais pli, rarement enſuite pourra-t'on les redreſſer.
Ces deux ans écoulés, on pourra les
mettre en pépiniere.

Pour cet effet, choiſiſſez un morceau
de terre légère qui ſoit fraîche, ſans
être trop humide ; après qu'elle aura
été bien fouie, & qu'on en aura extirpé
les racines, applaniſſez-la, & faites-y
des rigoles de trois pieds en trois pieds,
pour y placer, à dix-huit pouces les uns
des autres, les jeunes Méléſes qu'on aura
enlevés avec de bonnes mottes. Il faudra
lorſqu'ils ſeront plantés les entourer de
menue paille pour prévenir le deſſéchement de la terre. La meilleure ſaiſon
pour cette tranſplantation, c'eſt la fin
de Mars ou le commencement d'Avril,
peu de temps avant que ces arbres ne
pouſſent : les tranſplante-t'on plus tôt, il
eſt rare qu'ils réuſſiſſent auſſi bien. Tant
qu'ils ſont dans cette pépiniere, il faut
continuellement en arracher les mauvaiſes herbes, & de plus labourer la
terre entre les rangées, afin qu'en
s'ameubliſſant, elle permette aux racines de ces arbres de s'étendre : s'il s'en

trouve quelques-unes de coupées, elles poufferont d'autant plus de fibres, les Méléfes fe tranfplanteront plus fûrerement. Et c'eft là un grand avantage de ces labours, dont le fecond objet eft de détruire radicalement les mauvaifes herbes.

Je ne voudrois pas que l'on taillât ces arbres en pyramide, comme on fait d'ordinaire, mais qu'on fe contentât de bien diriger leurs fléches, tant dans la pépiniere que lorfqu'ils feront plantés à demeure : car ils ne font jamais plus beaux qu'avec leur port naturel, & ils deviennent très-hauts quand ils font plantés dans une terre qui leur convient.

· Lorfque vous tranfplanterez les Méléfes pour les placer là où ils doivent refter, que ce foit dans la faifon que j'ai déja indiquée. Enlevez-les avec de bonnes mottes de terre, appuyez-les contre de forts tuteurs, pour qu'ils ne foient pas tourmentés par les vents, & mettez de la litiere autour du pied de ces arbres.

Je ne dois pas omettre d'avertir que jamais ils ne réuffiffent mieux que lorſqu'on les plante à demeure, quand ils n'ont encore que deux pieds ou deux pieds & demi de haut. Ceux que l'on plante plus grands, reſtent en arriere de ceux-ci.

Si l'on ſuit avec attention la méthode que nous venons de détailler, on peut être aſſuré d'un bon ſuccès. La ſeule raiſon pourquoi ces arbres ont ſouvent péri après qu'ils ont été tranſplantés, eſt qu'ils l'ont été en mauvaiſe ſaiſon, ou qu'on n'a pas pris toutes les précautions requiſes en les enlevant de la pépiniere.

Les Méléſes ſe plaiſent fort, & font un très-bel effet ſur le penchant des côteaux arides, où peu d'autres eſpéces d'arbres croîtroient auſſi bien. Ils ſont d'un ſuperbe aſpect pendant tout l'été ; mais en automne ils quittent leurs feuilles. Bien des gens qui ne ſavoient pas cela, & qui avoient planté de ces arbres pour la premiere fois, les croyant morts les ont fait arracher.

C'eſt des inciſions faites dans le tronc du Méléſe que découle la plus fine térébenthine de Veniſe. Il croît à ſon pied un agaric dont on fait grand ufage en médecine. Son bois eft très-dur, & felon quelques-uns incombuftible, (*f*) ce que je ne puis me perfuader d'un bois réfineux. Il eft fi pefant que l'on prétend qu'il enfonce dans l'eau. Il prend un très-beau poli, & les habitans des contrées où il croît du Méléfe en font le plus grand cas, tant pour la conftruction des maifons que pour celle des vaiffeaux. Wilfen, un Hollandois qui a écrit fur l'architecture navale, fait mention d'un vaiffeau trouvé à douze braffes de profondeur dans les mers du nord, qui étoit de Méléfe & de Cyprès. Ces bois étoient devenus fi durs, qu'ils réfiftoient au fer le plus tranchant, ils étoient parfaitement fains, quoiqu'ils fuffent fubmergés depuis plus

(*f*) C'eft Vitruve qui dit que Céfar ayant voulu mettre le feu à la porte de la ville de Lariffe, elle ne put jamais s'enflammer, & qu'on reconnut que cette porte étoit de bois de Méléfe. Vitruve ne nomme le Méléfe que de fon nom latin *Larix*, & le dictionnaire de l'hiftoire naturelle fait deux articles pour cet arbre, l'un au mot latin *Larix*, & l'autre au mot françois Méléfe. Il paroît que l'auteur de ce livre a cru que c'étoient deux arbres différens. J'ai ouvert d'autres dictionnaires où j'ai apperçu la même faute.

de mille ans. C'eſt auſſi ſur le bois de Méléſe que Raphaël & d'autres grands Peintres ont laiſſé des monumens éternels de leur art, avant qu'on eût imaginé de peindre ſur la toile.

Le Méléſe n°. 3. nous vient d'Archangel, il pouſſe trois ſemaines plus tôt (*g*) que les Méléſes d'Europe.

Le Méléſe n°. 4. nous vient d'Amérique, & ſe trouve dans le jardin du Lord Péckhanz, dans le Comté de Surrey ; il paroît ne différer de notre Méléſe d'Europe que par ſes feuilles d'un verd plus foncé, & par la couleur brunâtre de ſes jeunes rameaux. Je ne ſache pas que les Botaniſtes parlent de cétte eſpèce, auſſi eſt-elle très-rare en Europe, bien qu'elle croiſſe abondamment dans certaines parties ſeptentrionales de l'Amérique. Il paroît que cet arbre ne devient pas ſi haut que notre Méléſe, ainſi on peut l'employer pour garnir de petites parties, ou bien

(*g*) Conſéquemment il pouſſeroit dès la fin de Janvier ſi le temps étoit doux ; du moins dans le Pays-meſſin, où mes Méléſes pouſſent avant la fin de Février.

le planter parmi d'autres arbres de même taille pour former des amphithéatres dont il augmenteroit la variété.

Cette efpèce s'éleve de graine comme celle d'Europe, & comme elle nous vient des pays froids, on peut être fûr qu'elle fupportera toute la rigueur de nos hivers. Ces deux dernieres efpèces ont leurs rameaux plus menus & plus pendans que les efpèces d'Europe.

(*h*) Il eft bon de faire tremper les cônes de Méléfe pendant vingt-quatre heures, pour pouvoir tirer les graines plus aifément d'entre les écailles. Faute de cette précaution on perdroit beaucoup de ces graines; comme elles font fort tendres, on en briferoit le plus grand nombre en les extirpant des cônes avec force.

(*h*) Cette pratique m'a bien réuffi.

CÉDRE DU LIBAN.

*CEDRUS LIBANI, Cédre
du Liban.*

Caractere diſtinctif du Cédre du Liban.

IL eſt toujours verd, ſes feuilles ſont beaucoup plus étroites que celles des Pins, & elles croiſſent circulairement autour d'un bouton qui reſſemble à un pinceau. Les fleurs mâles & les fleurs femelles ſe trouvent à quelque diſtance les unes des autres ſur le même individu ; les fleurs femelles deviennent de gros fruits écailleux, dans leſquels eſt contenue la graine.

Pluſieurs perſonnes s'étonneront ſans doute que je conſerve le nom de Cédre à cet arbre, que Tournefort a placé parmi les Méléſes, cet auteur appellant excluſivement Cédres, des arbres réſineux toujours-verds qui portent des bayes ou fruits charnus. La grande diſparité que j'ai obſervée entre cet arbre & les Méléfes, quant aux fleurs & aux fruits, m'a engagé à ne pas en faire une efpèce. D'ailleurs comme on penfe que cet arbre eft ce même Cédre dont il eft tant parlé dans l'Ecriture fainte, il eft jufte de lui conferver un nom confacré par l'antiquité. On me permettra donc d'appeller les Cédres de Tournefort, Cédres bacci-feres, & de différencier celui-ci par le nom de Cédre conifere.

On tire du Levant les cônes de cet arbre, & lorfqu'on les reçoit entiers, la graine s'y conferve bonne pendant quelques années. Ils mûriffent ordinairement au printemps, ainfi ils font cueillis depuis un an lorfque nous les recevons, & ils n'en font que meilleurs, parce qu'ayant perdu leur réfine, on en tire plus aifément la graine. La meilleure façon de tirer cette graine d'un cône de Cédre du Liban, c'eft de le fendre avec un fer pointu, chaffé avec force au travers de fon axe. Alors on voit les cellules, au fond defquelles font collées des graines pourvues, de même que celles du

Sapin,

Sapin, d'une membrane mince & tranf-
parente.

Après avoir arraché ces graines les
unes après les autres du fond de leurs
alvéoles, il faut les femer dans des caiffes
emplies d'une terre neuve & légère, &
leur donner les mêmes foins qui ont été
détaillés à l'article du Sapin, (auquel je
renvoye le lecteur) à l'exception que les
petits Cédres nouvellement levés demandent plus d'ombre, & en même temps
d'être bien aérés. (a) Lorfqu'ils commencent à pouffer vigoureufement, il arrive
toujours que leur fléche s'incline : fi l'on
veut donc qu'elle monte réguliérement,
il faut la diriger & bien l'affujettir contre
un tuteur, jufqu'à ce qu'on l'ait pouffée
à la hauteur que l'on veut, fans quoi
les branches latérales qui fe jettent çà
& là, l'empêchent de s'élever droit.

On taille ordinairement ces arbres
en pyramide comme les ifs, mais cette
forme artificielle leur ôte leur plus
grande beauté.

(a) C'eft-à-dire, par exemple, que bien qu'il
faille garantir ce femis du foleil avec le plus grand foin,
il ne faudroit pas le placer dans un jardin entouré de
murs, mais dans un lieu ouvert à tous les vents.

F

En effet, fi on les laiffe croître naturellement, leurs branches latérales
qui font difpofées par étages, s'étendent au loin, fe retournent d'elles-
mêmes prefque fens deffus deffous, &
montrent leur deffus fi garni de feuilles,
qu'il femble voir un beau tapis de
verdure. Qu'elles foient avec cela agi-
tées par le vent, qui les hauffe & les
baiffe, ces arbres, fur-tout s'ils cou-
ronnent un côteau, forment la perf-
pective la plus agréable, par où un
point de vue puiffe être terminé.

Je fuis d'autant plus étonné que de
fi beaux arbres ne foient pas plus communs en Angleterre, qu'ils croiffent à
merveille là où peu d'autres réuffiroient
auffi-bien, comme fur des côteaux
arides, dont ils ne feroient pas un médiocre ornement. Il n'eft pas étonnant
que ce Cédre s'accommode d'une femblable pofition, puifqu'il eft originaire
du Mont-Liban, qui eft couvert de
neige pendant la plus grande partie de
l'année. D'ailleurs, autant que j'ai pu
le remarquer, par le petit nombre de
ces arbres que nous voyons dans notre

iſle, ils ſe plaiſent ſinguliérement dans une terre maigre ; car j'ai obſervé conſtamment que ceux qui étoient dans un terroir gras & limoneux, n'étoient pas à beaucoup près auſſi beaux que ceux plantés dans une terre graveleuſe.

Que ce Cédre croiſſe très-promptement, c'eſt ce dont on peut ſe convaincre en jettant les yeux ſur quatre individus de cette eſpèce, qui exiſtent actuellement dans le jardin des plantes à Chelſea. Je ſais très-bien qu'ils y ont été plantés l'an 1683, hauts ſeulement de trois pieds. Il y en a deux qui ont à préſent 1736, à deux pieds au-deſſus de terre, dix pieds de tour, & dont les branches qui s'étendent de chaque côté à plus de vingt pieds, viennent preſque toucher terre par leurs extrémités, quoiqu'elles en ſoient éloignées de huit ou dix pieds à leur commencement ; de maniere qu'elles forment naturellement un berceau impénétrable à la plus grande ardeur du ſoleil. Ces arbres ſont plantés dans une terre maigre & ſéche mêlée de ſable, & où l'on trouve à deux pieds de

profondeur un lit de pierres réfraƈtai-
res. Ils ſont placés aux quatre coins
d'un vivier entouré d'un mur, qui n'eſt
qu'à quatre pieds de leurs troncs, de
ſorte que leurs racines ne peuvent pas
pénétrer de ce côté là, ce qui doit
avoir mis obſtacle à leur croiſſance que
le voiſinage de l'eau a pu favoriſer,
mais qui eût été certainement plus
prompte encore, ſi leurs racines avoient
pu librement s'étendre. J'ai eu auſſi lieu
d'obſerver qu'ils ſupportent encore
moins que les autres arbres réſineux,
d'être taillés, tondus, élagués, & que
ces opérations retardent extrêmement
leur végétation : car deux des arbres
ci-deſſus mentionnés ayant été plantés
près d'une ſerre, ſans qu'on en ait
prévu l'inconvénient, on a été obligé
de couper leurs branches inférieures,
afin de laiſſer au ſoleil une libre entrée
dans cette ſerre ; ce qui a tellement
affoibli ces deux arbres, qu'ils ſont à
peine de moitié auſſi gros que les autres, quoiqu'ils ayent été plantés dans
le même temps.

Tous les Cédres du Liban que nous

avons en Angleterre, portent des fleurs mâles depuis plusieurs années, mais jusqu'à préſent il n'y en a que deux qui ayent porté des cônes, & encore n'y a-t'il que deux ans que ces cônes mûriſſent & procurent de bonne ſemence. Mais comme ces arbres ſont maintenant aſſez naturaliſés en Angleterre pour y produire des graines mûres, nous pouvons eſpérer que nous pourrons dans peu nous paſſer d'en faire venir du Levant, d'autant mieux que nous avons de plus beaucoup de jeunes Cédres du Liban qui fructifieront bientôt.

Une obſervation que j'ai faite, qui prouve qu'on pourroit faire avec ſuccès des plantations utiles de ces arbres dans les parties les plus froides de l'Ecoſſe & de l'Angleterre ; c'eſt que leurs cônes mûriſſent beaucoup mieux par des hivers froids que par des hivers doux.

Ce qu'on lit dans l'Ecriture ſainte de la hauteur prodigieuſe de ces arbres, ne ſe rapporte nullement ni avec notre expérience, ni avec la relation des voyageurs qui en ont encore vu quelques-uns ſur le Mont-Liban : nous avons obſervé auſſi-bien qu'eux que cet arbre ne monte pas beaucoup, mais qu'il étend ſes branches au loin, ce qui revient parfaitement à ce que dit le Pſalmiſte d'un peuple floriſſant : qu'il s'étendra comme les rameaux d'un Cédre.

Rauvolf, dans ſon voyage au Mont-Liban, fait en 1524, dit qu'il n'y reſtoit plus alors que vingt-ſix Cédres, dont vingt-quatre étoient enſemble circulairement, & les deux autres non loin de là ayant perdu depuis long-temps la plûpart de leurs branches. Quoiqu'il en cherchât de jeunes avec beaucoup de ſoin, il n'en put pas trouver. Ces arbres, dit ce voyageur, étoient au pied d'un monticule, au haut d'une montagne couverte de neige. Comme leurs branches ſont très-fortes ils ſont tous un peu inclinés, mais ces branches s'étendent au loin d'une maniere ſi ré-guliere & ſi agréable, qu'on diroit que c'eſt l'ouvrage de l'art, & qu'on les a toutes taillées de la même façon ; ce en quoi ces arbres different beaucoup du Sapin, dit notre voyageur : & il ajoute que leurs feuilles reſſemblent beaucoup à celles du Méléfe, & croiffent par bouquets fur un bouton brun.

Maundrel dit dans fes voyages que lorfqu'il alla fur le Mont-Liban il n'y avoit plus que dix-huit vieux Cédres, mais qu'il y en vit beaucoup de jeunes. Un des premiers qu'il mefura fe trouva avoir douze aunes & fix pouces de tour, quoiqu'il crût encore, & fes branches latérales avoient trente-fept aunes d'étendue. A cinq ou fix aunes du pied fon tronc fe partageoit en cinq branches, dont chacune étoit auffi groffe qu'un gros arbre. Ce que dit ici Maundrel m'a été confirmé par un homme digne de foi, de ma connoiffance, qui a été fur les lieux en 1720. Il y a cette feule différence dans les récits de ces deux voyageurs, que le dernier qui a pris lui-même la mefure des branches des plus gros arbres avec une exactitude dont je fuis affuré, ne leur a trouvé que vingt-deux aunes de longueur. Il eft vrai qu'il eft incertain fi Maundrel a attribué ces trente-fept aunes à la longueur de chaque branche, ou bien à la longueur de deux branches oppofées prises ensemble ; mais quoiqu'il en soit, cette circonstance ne quadre pas avec le récit du dernier observateur.

M. le Brun dit qu'il restoit à peu près trente-cinq ou trente-six Cédres sur le Mont-Liban, au temps qu'il y fit un voyage, & il ajoute qu'on ne pouvoit guère les compter, ainsi que l'on a coutume de dire des pierres de la plaine de Salisbury. Il dit aussi que quelques-uns de ces arbres avoient leurs cônes inclinés, ce qui est pleinement contredit par les relations des autres voyageurs, & par notre propre expérience. Ces cônes dont la pointe regarde le ciel, sont attachés sur la partie supérieure des branches par un pédicule très-robuste dont ils sont transpercés, & qui les retient avec tant de force qu'on a bien de la peine à les cueillir. Ce pédicule reste encore attaché à la branche, long-temps après la chûte des écailles dont il étoit environné, ainsi ces cônes ne tombent jamais en leur entier comme ceux des Sapins.

On assure que le bois de cet arbre a la vertu de s'opposer puissamment à

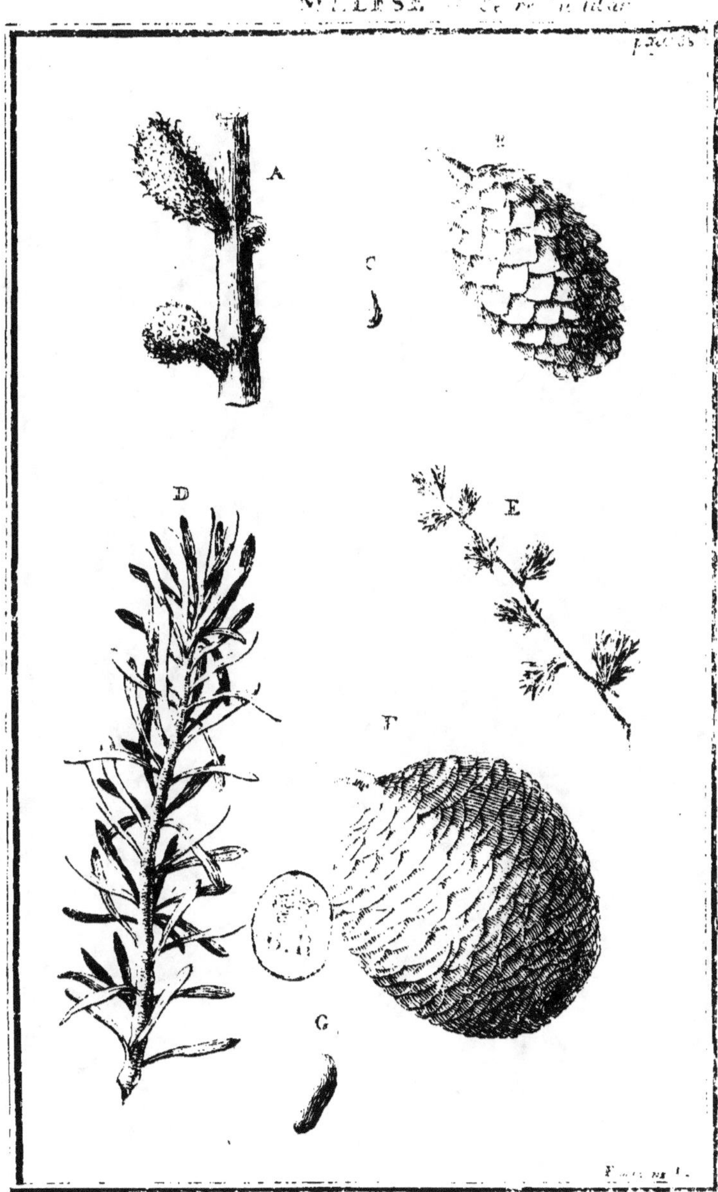

la corruption des subſtances animales, & que les opérateurs qui ſe vantent d'avoir le ſecret d'embaumer, ſe ſervent pour cet effet de ſa ſciure, dont l'huile eſt, dit - on, propre à conſerver les livres & les manuſcrits. Le Lord Bacon aſſure que le bois du Cédre du Liban peut ſe conſerver ſain pendant mille ans. On dit auſſi que la ſtatue de la Déeſſe, ainſi que la plus grande partie de la charpente du fameux temple d'Ephéſe, étoient de ce bois. On lit qu'il s'eſt trouvé un tronc de ce Cédre dans le temple d'Appollon à Utique, qui duroit depuis plus de deux mille ans. Ce bois eſt très-ſec de ſa nature & ſe fend aiſément, auſſi ne peut-on guère y enfoncer des clous, ce qui fait qu'on l'eſtime particuliérement pour les ouvrages où il n'en faut point.

On ignore juſqu'à préſent que cet arbre croiſſe de lui-même quelque part ailleurs que ſur le Mont-Liban.

DES CYPRÈS.

CYPRESSUS vient du mot grec KYPA, ou bien de CYPARISSUS, un jeune garçon, qui selon la fable a été métamorphosé en Cyprès. En anglois CYPRESS-TREE, en allemand CYPRESSENBAUM.

Caractere distinctif du Cyprès.

SES feuilles sont écailleuses & plates. Ses fleurs mâles, qui sont aussi écailleuses, se trouvent avec les fleurs femelles, à quelque distance les unes des autres, sur le même individu. Son fruit est rond & composé de plusieurs boutons boiseux, entre lesquels sont logées des graines dures & angulaires.

Catalogue des espèces de Cyprès.

1. *CYPRESSUS meta in fastigium convoluta, quæ fœmina Plinii.* Tournef.
CYPRÈS pyramidal.

pl. 4.ᵉ

2. *CYPRESSUS ramos extra se spargens,
  quæ mas Plinii.*
  CYPRÈS à branches horizontales.

3. *CYPRESSUS Virginiana, foliis Acaciæ
  deciduis.*
  CYPRÈS de Virginie, à feuilles d'Acacia,
  qui se dépouille.

4. *CYPRESSUS Lusitanica patula, fructu
  minori.* Tournef.
  CYPRÈS de Portugal à petit fruit, dont
  les branches s'étendent beaucoup.

5. *CYPRESSUS Americana, fructu minimo.*
  CYPRÈS d'Amérique.

Le Cyprès n°. 1. est très-commun
en Angleterre, & se trouve dans la
plûpart de nos anciens jardins ; il n'est
plus autant estimé maintenant qu'il l'a
été autrefois, mais il n'est pas sans utilité ni sans beauté, & l'on auroit grand
tort de le bannir des plantations & des
bosquets d'arbres qui ne se dépouillent
pas, parmi lesquels il est d'un très-bel
effet, en augmentant les nuances de
la verdure. Il n'y a pas long-temps
qu'on se servoit de cet arbre pour l'ornement des plates-bandes, en le tail-
lant en pyramide ou en quille. Quel-

ques-uns ayant obfervé que fouvent le cifeau lui étoit mortel, fe font avifés de replier fes branches avec des liens, pour lui donner plus parfaitement cette forme pyramidale qu'il eft difpofé à prendre de lui-même. Mais ces liens empêchant l'air de circuler entre fes branches, en firent périr les feuilles.

Ces arbres ainfi garrottés devinrent défagréables à la vue, & ne crûrent plus auffi-bien. D'ailleurs lorfqu'ils ont été tondus, hormis que cette opération n'ait été faite au printemps ou au commencement de l'été, ils fouffrent beaucoup des vents piquans & du froid âpre de l'hiver. C'eft pourquoi je fuis d'avis qu'il vaut bien mieux les laiffer croître naturellement, & les placer parmi d'autres arbres toujours-verds dont ils augmenteront la variété, par le verd noir de leurs feuillages & par leurs cimes vacillantes.

Le Cyprès n°. 2. eft un des plus grands arbres qui exiftent. C'eft de fon bois qu'on fait le plus d'ufage en Orient, pour la charpenterie & la conftruction des bâtimens. Il croît à merveille dans un terrein fablonneux ou pierreux. Il fouffre encore moins le cifeau que le premier, mais auffi ce que la tonte lui a fait perdre eft bien vîte réparé, par fa vigoureufe croiffance & fa bonne conftitution. On peut le mêler avec des arbres toujours-verds de la feconde grandeur, c'eft-à-dire, avec ceux qui ont le premier rang après les plus hautes efpèces de Pin & de Sapin. Il fera un très-bel effet & figurera fort bien, parmi ces arbres *verds* du fecond ordre.

Lorfque cet arbre eft affez gros pour qu'on puiffe en faire des planches, fon bois n'eft pas d'une petite valeur, & je fuis fûr qu'il ne lui faut pas plus de temps qu'à un chêne pour venir à ce point-là. Pourquoi donc n'en feroit-on pas dans cette vue des plantations? Il fe trouve dans notre ifle tant de terres fablonneufes & pierreufes, qu'on ne peut pas mettre en culture, parce qu'elles n'en rendroient pas les frais. Plantées de Cyprès, un propriétaire auroit non-feulement le plaifir de voir croître vivement ces jeunes arbres dans ce méchant terroir, & d'obferver leurs progrès, mais il auroit de plus la douce satisfaction de prévoir qu'un jour son héritier en tirera autant de profit que d'une plantation de chênes.

En effet, je ne vois pas pourquoi le bois de ces Cyprès seroit moins bon ici que dans l'Archipel, où il est d'un si grand prix, que l'on appelle dans l'isle de Candie, *dos filiæ*, les plantations de cet arbre, parce que les Candiots les donnent pour dot à leurs filles.

On dit que ce bois n'est jamais rongé par aucun insecte, & qu'il se conserve pendant plusieurs siécles. Les portes de saint Pierre à Rome qui en étoient, ont duré depuis Constantin le grand jusqu'au temps du Pape Eugene IV, ce qui fait l'espace d'onze cents ans : & elles étoient encore bonnes lorsque ce Pape les a fait remplacer par des portes d'airain. C'étoit avec du Cyprès qu'on faisoit, selon Thucydides, les cercueils dans lesquels les Athéniens brûloient leurs Héros : les caisses où l'on enferme les momies qu'on nous apporte de l'Egypte sont aussi de ce bois.

De savans auteurs vantent beaucoup
la vertu qu'a le Cyprès d'abonnir l'air,
(*a*) en le chargeant d'exhalaisons balsa-
miques, très-saines aux poumons. C'est
pourquoi les anciens médecins des
pays orientaux avoient accoutumé d'envoyer dans l'isle de Candie, (alors
pleine de ces arbres) les poitrinaires
les moins curables, qui s'en retournoient
ordinairement guéris, par la seule vertu
de l'air parfumé qu'ils venoient de res-
pirer.

L'espéce n°. 3. (*Cypreſſus foliis
Acaciæ deciduis*) nous vient originai-
rement d'Amérique : cet arbre y croît
dans des lieux aquatiques, où il parvient à une hauteur & groſſeur mer-
veilleuses. Je suis bien informé qu'il
s'y en trouve qui ont près de soixante-
dix pieds de haut & quelques toises de
tour. N'est-il pas bien intéressant qu'il
y ait une espèce de Cyprès qui croisse

(*a*) Il est simple que l'air puisse être sain ou mal
sain par la nature des atomes dont il est le véhicule.
Il est simple aussi que l'air fasse de grands effets sur
la poitrine, puisqu'il agit immédiatement sur les
poumons.

dans les marais, où peu d'arbres fur-
tout de la claffe des réfineux peuvent
fubfifter? & ne feroit-il pas bien pro-
fitable d'en faire des plantations dans
de femblables endroits? Que les Cyprès
de cette efpèce puiffent s'accommoder
de notre climat, c'eft ce qui eft fuffifamment conftaté par la vigueur de
quelques-uns, plantés depuis long-
temps en Angleterre; & notamment
par celui qui fe trouve dans le jardin
de J. Tradefcant à South-lambeth près
de Faux-hall, qui eft de trente pieds de
haut & d'une groffeur extraordinaire,
& qui ne laiffe pas que d'être toujours
fain & vigoureux, quoiqu'il foit dans
une baffe-cour, où bien loin d'être
foigné on enfonce des clous dans fon
tronc, pour y attacher des cordes à
pendre du linge. Il eft vrai que cet
arbre n'a pas encore porté de cônes,
ce dont pourroit bien être caufe le peu
d'humidité de la terre où il eft; car
nous voyons fouvent que des plantes
aquatiques fubfiftent, mais ne fleurif-
fent & ne fructifient jamais fi bien dans
une terre féche que dans une terre
abreuvée.

abreuvée. Dans le jardin du Baronet Abraham Jonſſin, à Winbeldon dans le Surrey, on voit auſſi un arbre de cette eſpèce qui porte depuis quelques années quantité de cônes, leſquels, lorſque le temps eſt propice, mûriſſent très-bien, & contiennent d'auſſi bonne ſemence que celle qu'on nous envoie de l'Amérique. Cet arbre a été tranſplanté fort gros, ce qui a arrêté ſa croiſſance, & a été peut-être en même temps la cauſe qui l'a fait fructifier.

Tous les Cyprès ſe ſement au commencement du printemps. Il faut choiſir pour cet effet une planche de terre ſablonneuſe, féche & chaude : on l'applanira bien, puis on y ſemera cette graine, aſſez épais, & on la couvrira d'un demi-pouce (*b*) de la même terre tamiſée.

Il eſt bon d'arroſer ce ſemis par les temps ſecs, mais fort doucement, de crainte de déterrer la graine, qui, ſi elle eſt bonne, leve au bout d'un mois ou environ. Alors il faudra nettoyer

______

(*b*) L'expérience m'a appris que c'eſt beaucoup trop.

ce femis foigneufement, & l'ãrrofer
fouvent par les temps fecs, mais de
maniere à ne pas déchauffer ces petits
arbres, qui ne tiennent en terre que
par un petit nombre de fibres trèsdélicates. Je dois avertir, cependant,
que fi l'on feme cette graine fur une
couche tempérée, elle levera beaucoup
plus promptement & plus fûrement
qu'en pleine terre.

Ces petits arbres peuvent refter deux
ans dans le femis, au bout duquel temps
on pourra les mettre en pépiniere. On
doit choifir pour cette tranfplantation
un temps doux & qui promette de la
pluie au commencement d'Avril, lorfque ne régnent plus les vents defféchans de Mars. La terre de la pépiniere
doit être, pour les deux premieres
efpèces de Cyprès, fablonneufe ou pier-
reufe. Après qu'elle aura été bien labourée & qu'on en aura extirpé toutes
les racines, on y fera au cordeau des
rigoles de trois pieds en trois pieds, dans
lefquelles on plantera à huit pouces les
uns des autres les jeunes Cyprès, qu'on
aura eu foin préalablement d'arracher

avec leurs racines bien entieres, & s'il se peut avec des mottes. Quand ils seront plantés on serrera la terre à leurs pieds, que l'on entourera ensuite de menue paille, & on les arrosera pour coller la terre contre leurs racines. Cet arrosement doit être réitéré deux fois par semaine, jusqu'à ce qu'ils soient bien repris.

Ces arbres peuvent rester trois ou quatre ans dans la pépiniere, plus ou moins selon qu'ils auront bien ou mal poussé, & que le terrein qu'on leur destine sera ou ne sera pas préparé. Veut-on les y laisser plus long-temps, il faut alors de deux en ôter un dans toutes les rangées; sans quoi leurs racines s'enlaceroient tellement les unes dans les autres, qu'on ne pourroit plus les arracher, ni les transplanter sans beaucoup de peine, & qui pis est, sans qu'on soit dans le cas de craindre, ou qu'ils ne reprennent pas, ou qu'étant repris ils ne végétent plus que foiblement.

Lorsqu'on veut les planter à demeure, il faut les enlever en motte de cette maniere-ci. Faites un fossé circulaire

autour de chacun de ces Cyprès, coupez toutes les racines latérales qui
paffent, puis détachez la motte par
deffous en l'aminciffant avec la béche,
& coupez la racine qui pivote. (*c*) Cela
fait, ôtez toute la terre de deffus la motte
jufqu'aux premieres racines latérales,
& pour la rendre encore plus légère
ôtez par les côtés autant de terre qu'il
fera poffible, de forte qu'il n'en refte
que ce que les racines en peuvent
foutenir. Alors deux hommes pourront
aifément porter votre arbre fur une
civiere, jufqu'à l'endroit où vous voulez l'établir, ayant attention de ne pas
faire ébouler la terre de la motte par
des mouvemens trop brufques. Si l'endroit où vous voulez planter ces arbres
eft un peu éloigné, il faudra les mettre
dans des paniers, ou bien envelopper
leurs mottes avec de la paille. Les
plantez-vous dans le deffein d'avoir

(*c*) Voilà bien des racines de retranchées ; je crois
que ma pratique expliquée dans mes obfervations à
l'article du Méléfe, eft bien préférable. Elle eft plus
longue, mais faut-il regretter quelque peine quand
il s'agit de planter à demeure un arbre précieux difficile à tranfplanter, & qui doit vivre quelques fiécles.

un jour du bois de conſtruction, eſpa-
cez-les à dix-huit ou vingt pieds les
uns des autres en tous ſens. Lorſqu'ils
ſeront plantés ſerrez bien la terre contre leurs racines, mettez de la litiere
autour de leurs pieds, pour prévenir
le deſſéchement, arroſez-les enſuite ;
& réitérez quelquefois cet arroſement
juſqu'à ce qu'ils ſoient bien repris. Cela
fait, ils ne demandent plus d'autre ſoin
que d'arracher les mauvaiſes herbes
autour de leurs pieds.

Le Cyprès n°. 1. qui eſt le plus commun en Angleterre, y porte rarement
de bonne ſemence ; c'eſt pourquoi il
eſt avantageux de s'en procurer d'Italie
ou des provinces méridionales de la
France, où elle mûrit parfaitement. Il
faut recommander de l'envoyer dans
les cônes, parce qu'elle s'y conſerve
très-bien. Ce n'eſt qu'au moment de
la ſemer qu'il faut l'en tirer, ce qui ſe
fait aiſément en expoſant ces cônes à
un feu doux.

La ſeconde eſpèce porte en Angleterre de bonne ſemence. Et nous
pouvons eſpérer d'en avoir bientôt

une aſſez grande quantité, pour élever un grand nombre de ces arbres utiles, qui pourront être placés avec fruit parmi nos plantations d'arbres de conſtruction, & ſur-tout parmi celles d'arbres toujours-verds, faites dans cette vue.

Ces deux arbres (c'eſt-à-dire le Cyprès pyramidal & celui qui étend ſes branches) ont été regardés juſqu'à préſent par tous les Botaniſtes comme deux eſpèces différentes, c'eſt pourquoi je les ai donnés ici pour tels ; bien que des expériences réitérées m'ayent appris que la graine de chacun produit toujours les deux, ce qui les doit faire enviſager comme n'étant qu'une ſeule eſpèce (*d*).

Le Cyprès de Virginie n°. 3. *Cypreſſus, foliis Acaciæ deciduis*, peut être multiplié auſſi abondamment que l'eſpèce n°. 2, car on peut faire venir ſes graines en quantité de la Caroline & de Virginie, où cet arbre eſt très-

---

(*d*) Si cela eſt, d'où vient que le ſecond eſt bien plus dur que le premier, & que ſes graines mûriſſent en Angleterre, tandis que celles du premier n'y mûriſſent pas ? il eſt aſſez ſingulier que la même graine donne deux arbres d'une conſtitution ſi différente.

commun. Elles fe confervent auffi long-
temps, & lévent auffi aifément que
celles des précédentes efpèces. On a
d'abord planté cet arbre dans des pots,
qu'on mettoit dans la ferre durant la
mauvaife faifon, mais il n'y croiffoit
pas fi bien qu'il fait depuis qu'on le laiffe
en pleine terre, & fur-tout depuis
qu'on le plante dans des lieux humides.
C'eft dans une femblable pofition qu'il
végéte le mieux. Cela a été confirmé
par l'hiftoire naturelle de la Caroline
du Lord Catesby, où cet auteur affure
qu'il croît dans ce pays, dans des endroits où il y a jufqu'à quatre pieds
d'eau ; ce qui prouve qu'il pourroit bien
fervir à tirer parti de nos marais.

Comme il quitte fes feuilles on ne
peut guère le placer parmi les arbres
toujours-verds : toutefois comme il leur
reffemble parfaitement en été, qui eft
la faifon où l'on cherche l'ombrage, il
feroit très-propre à enrichir les endroits
bas & humides, qui pourroient fe trouver dans les quinconces ou allées de
Cyprès qui ne fe dépouillent pas.

Le Cyprès n°. 4. eft à préfent très-rare en Angleterre. On en a élevé quelques-uns depuis peu dans des jardins de vrais amateurs, mais je crains qu'il ne soit pas à beaucoup près aussi dur que le Cyprès commun; car quoique les jeunes arbres dont je viens de parler n'ayent pas souffert dans les hivers derniers, je sais que le froid excessif de 1746 a fait périr radicalement un très-gros Cyprès de cette espèce, dans le jardin du Duc de Richmond à Goodwood, dans le comté de Sussex.

Cet arbre croît naturellement & en abondance dans un lieu nommé Busaco auprès de Crimbra en Portugal, où on l'appelle l'ornement de Busaco. Là il parvient à une telle hauteur qu'on en tire du bois de construction. On peut aisément s'en faire envoyer des graines de cet endroit.

Ce Cyprès est garni depuis son pied de branches latérales qui s'étendent au loin horizontalement; & comme elles croissent avec un peu d'irrégularité, cet arbre a un port tout différent de celui de tous les autres du même genre. Il parvient en Portugal à une grosseur

& grandeur confidérables, mais le plus fort que j'aye vu en Angleterre n'avoit que quinze pieds de haut, & fes branches latérales avoient huit pieds d'étendue. J'ai dit qu'il pouvoit s'élever de graine, & de la même maniere que le Cyprès commun. Je dois ajouter qu'il faut garantir du froid les jeunes arbres de cette efpèce pendant les deux premiers hivers; il leur nuiroit beaucoup, & les feroit périr, s'il étoit trop âpre.

On peut auffi multiplier ce Cyprès de Portugal de boutures qui s'enracineront bien, fi on les plante en automne (*e*) & qu'on les couvre pendant la mauvaife faifon. D'ordinaire ces boutures ne font qu'au bout de deux ans bonnes à tranfplanter : & comme elles ne deviennent jamais d'auffi beaux arbres que ceux qu'on a élevés de graine, il faut préférer, lorfqu'on peut en avoir, de les multiplier par ce moyen. Le Cyprès n°. 3. qui quitte fes feuilles

(*e*) Elles réuffiront encore mieux fi on les plante à la faint Jean : j'en ai fait l'expérience fur d'autres arbres du même genre.

peut auſſi ſe multiplier par des boutures, comme je l'ai ſouvent expérimenté ;
ainſi on pourra l'élever avec ſuccès
par cette voie, ce qui eſt très-avantageux, quand on ne peut pas avoir de
ſa graine. Pourquoi le Cyprès commun
ne pourroit-il pas auſſi s'élever de boutures ? je ne l'ai pas éprouvé, ainſi je
ne puis le conſeiller.

L'eſpèce n°. 5. eſt originaire de l'A-
mérique ſeptentrionale, & procure aux
habitans de ces contrées un bois propre
à quantité d'uſages utiles. Cet arbre
mérite ſpécialement d'être multiplié en
Angleterre ; car puiſqu'il nous vient de
pays ſi froids, il ne ſera pas à craindre
qu'il ne puiſſe réſiſter aux hivers de
notre iſle, & qu'il n'y croiſſe pas vigoureuſement. Comme c'eſt un arbre
d'un port régulier qui ne ſe dépouille
pas, il figurera très-bien dans nos plantations d'arbres toujours-verds, dont
il augmentera la diverſité.

Ce Cyprès ſe multiplie par ſes ſemences que l'on doit épandre au printemps, dans des caiſſes emplies d'une
terre légère & fraîche : il faut poſer

ces caiſſes dans un endroit où elles ayent le ſoleil levant juſqu'à onze heures ou midi, en arracher ſoigneuſement les mauvaiſes herbes, & les arroſer convenablement par les temps ſecs. Elles peuvent reſter dans cet endroit juſqu'à la ſaint Michel : alors il ſera bon de les placer dans un lieu plus chaud, comme contre une haye ou une muraille ; car il ſeroit à craindre que l'humidité de l'hiver, entretenue par l'ombre, fît pourrir les graines qu'on y a ſemées, ſi on les laiſſoit dans leur premiere place ; attendu que ces graines ne levent qu'au printemps ſuivant, auquel temps, ſi l'on veut accélérer leur germination & hâter la croiſſance des petites plantes, il faudra placer ces caiſſes ſur une couche tempérée.

Mais au troiſième printemps, il faudra accoutumer peu à peu ces petits arbres à l'air libre, & pour cet effet, ôter au mois de Mai de deſſus la couche les caiſſes où ils ſont contenus, pour les mettre dans un lieu ombragé, où elles ne ſoient expoſées qu'au ſoleil levant.

Tant qu'elles feront dans cette place, il faudra les farcler avec foin, & les arrofer convenablement par les temps fecs. Pendant l'hiver fuivant, il fera bon de les placer contre une muraille expofée au midi ; car ces arbres font pendant leur premiere jeuneffe un peu moins durs qu'ils ne feront à l'avenir.

Vers la fin de Mars ou au commencement d'Avril, c'eft-à-dire, peu de temps avant qu'ils ne pouffent, il faudra leur préparer une planche d'une terre fraîche, dans un endroit chaud, & les y planter à un pied les uns des autres, dans des rigoles qui ayent dix-huit pouces d'intervalle entr'elles. On doit, pour cette tranfplantation, choifir un temps nébuleux ou pluvieux, car lorfqu'il fait fec & que le vent d'oueft régne, il eft très-dangereux de remuer ces arbres. Je dois même dire, que fi dans le temps défigné l'air n'étoit pas encore affez doux & humide, il vaudroit mieux attendre qu'il le devînt, ce délai fût-il de quinze jours, que de mettre ces arbres dans un danger imminent.

Après qu'ils auront été tirés du femis

avec beaucoup d'attention & plantés
avec foin, on les arrofera, pour coller la
terre contre leurs racines : puis on mettra
de la menue paille fur toute la terre libre
de la planche, pour empêcher la féchereffe occafionnée par le foleil, de pénétrer jufqu'aux fibres délicates de leurs
racines, ce qui leur feroit très-nuifible.
Pour éviter ce même inconvénient, il
faut auffi avoir attention de n'en arracher qu'un à la fois des caiffes, au moment qu'on eft prêt à le mettre en terre.

Au refte, le plus fûr eft de mettre, au fortir du femis, chacun de ces
arbres dans un petit pot empli d'une
terre forte & limoneufe, & de mettre
ces pots fur une couche tempérée,
fous une arcade de cercles de tonneaux,
fur laquelle on pofera des paillaffons,
pour donner de l'ombre à ces petits
Cyprès, jufqu'à ce qu'ils foient bien
enracinés. De cette maniere ils repren-
dront bien plus aifément qu'en pleine
terre, & l'on n'aura pas à craindre qu'ils
manquent, lorfqu'on les ôtera de ces
pots, puifqu'on peut les en tirer avec
toute la terre qui y eft contenue.

L'été ſuivant on pourra laiſſer encore ces pots enterrés dans une vieille couche, ce qui empêchera la ſéchereſſe d'y pénétrer auſſi vîte que s'ils étoient ſimplement poſés à fleur de terre. Néanmoins il faudra conſtamment arroſer ces arbres par les temps ſecs, car ils périſſent bien aiſément durant l'été, lorſqu'ils ne reçoivent pas aſſez d'eau. Cela n'eſt pas étonnant, puiſqu'ils croiſſent dans des terres humides, & dans des contrées baſſes & marécageuſes de l'Amérique. Mais s'ils ne peuvent ſubſiſter dans une terre ſéche, en récompenſe le plus grand froid ne leur ſauroit nuire. La principale attention à avoir, lorſqu'on veut les placer là où ils doivent reſter, eſt donc de ne jamais les planter dans une terre ſéche, où ils périroient ſûrement de ſoif dans le cours de l'été. Au reſte comme ils ſont très-difficiles à tranſplanter avec ſuccès, quand ils ont été long-tems dans la même place, il eſt très-avantageux de les tenir dans des pots, juſqu'à ce qu'ils ſoient aſſez forts pour être plantés à demeure.

Les rameaux de cette eſpèce de Cyprès ſont garnis de feuilles plates tou-
jours-vertes, qui reſſemblent à celles de
l'arbre de vie: ſes cônes ne ſont pas plus
gros que des bayes de genevrier, (ƒ)
à quoi ils reſſemblent ſi bien, que d'un
peu loin on y eſt trompé. Mais quand
on y regarde de près, on voit que ce
ſont de vrais cônes compoſés de pluſieurs cellules comme ceux du Cyprès
commun.

Lorſqu'on plante cet arbre dans un
endroit gras & humide il croît vigoureuſement, & devient très-profitable
par le bois de conſtruction qu'il procure. Outre cela il eſt l'ornement des
plantations d'arbres verds, particuliérement ſi on lui choiſit un emplacement
où la terre lui ſoit convenable. Il eſt
d'autant plus précieux, qu'il eſt très-
rare, ſur-tout dans les pays froids, de
trouver un arbre réſineux toujours-verd
qui réuſſiſſe dans les terres humides.
Et d'ailleurs plus nous augmenterons le

____

(ƒ) Voilà pourquoi la plûpart des Botaniſtes ont
rangé cet arbre parmi les Cédres. Il eſt connu
ſous le nom de Cédre blanc de Virginie.

nombre des arbres qui ne ſe dépouillent pas, plus nous ajouterons à la beauté de nos jardins & de nos plantations.

Les Cyprès font un ſi bel effet dans les jardins, qu'on peut dire qu'il manque quelque choſe aux plus parfaits, lorſqu'ils en ſont dépourvus. Les maiſons de campagne des Italiens doivent une partie de leurs agrémens à ces arbres, dont les tiges pyramidales, qui s'élevent aſſez haut ſans branches pour ne pas gêner la vue, accompagnent incomparablement les bâtimens, auſquels ils donnent un certain air pittoreſque, par le bel effet de leurs rameaux d'un verd noir, qui ſe peignent ſur les murs blancs. Par-tout où il y a des maiſons, des orangeries, des cabinets dans les jardins, on les doit donc entourer de Cyprès; car ſi ils font un effet ſi admirable dans les payſages peints en Italie, à plus forte raiſon figureront-ils bien dans nos jardins, ſi nous ſavons les y placer avec goût.

THUYA
page.113
A
B
C
D
E
F
G
H

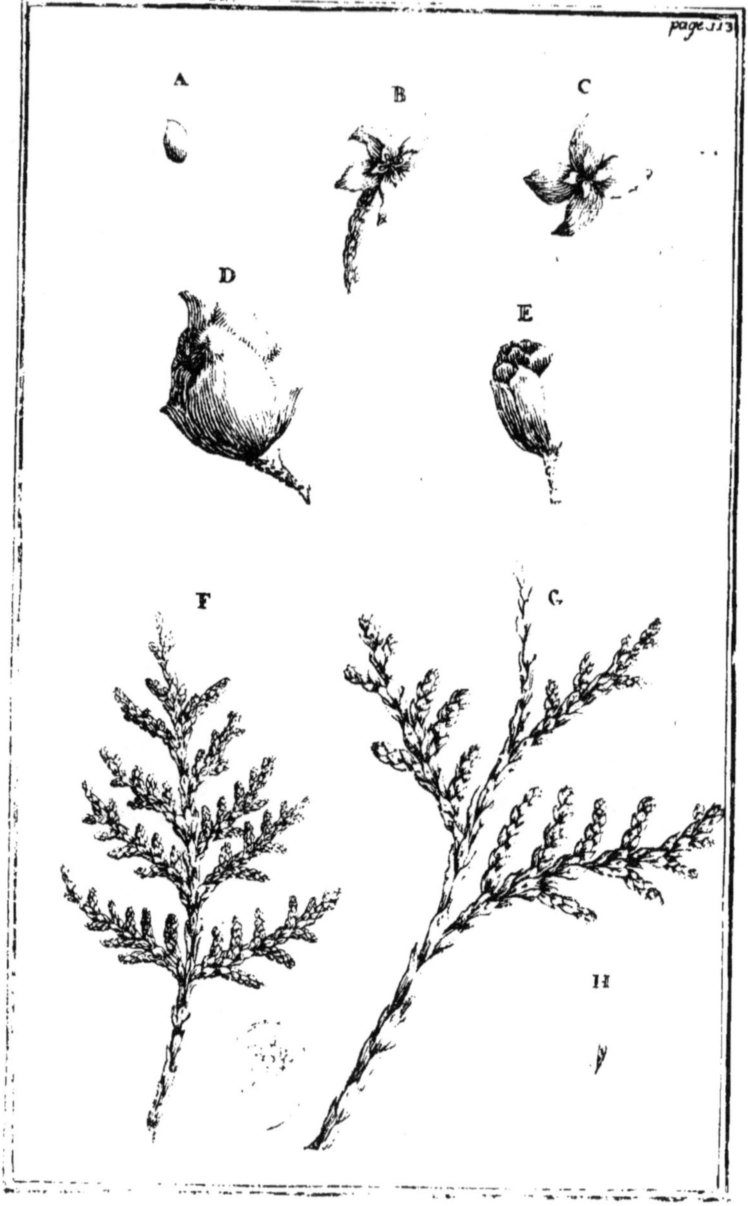

DU THUYA
OU ARBRE DE VIE.

THUYA vient du mot grec DUN, qui signifie parfumer, parce que cet arbre exhale une odeur très - forte. On l'appelle communément ARBOR VITÆ, Arbre de vie.

Caractere distinctif du Thuya.

SEs feuilles font toujours vertes, écailleufes & comme incruftées les unes fur les autres. Les cônes naiffent fur le revers de ces feuilles.

Catalogue des efpèces de Thuya.

1. *THUYA theophrafti.*
   ARBRE DE VIE commun.

2. *THUYA theophrafti, folio variegato.*
   ARBRE DE VIE commun panaché.

3. *THUYA ftrobilis uncinatis, fquamis reflexo acuminatis.*
   ARBRE DE VIE de la Chine.

H

Le Thuya de la première eſpèce étoit autrefois plus eſtimé qu'à préſent. On l'éleve communément dans les pépinieres de Londres, où on lui donne une figure conique. Cependant depuis qu'on a reconnu qu'il étoit de mauvais goût de remplir les jardins d'arbres taillés en diverſes formes, depuis qu'on a ſi juſtement banni du jardinage toutes ces figures monſtrueuſes, les Thuyas n'ont plus le même prix. Toutefois ils peuvent être placés agréablement dans les jardins ; ils figureront très-bien dans les boſquets ; on peut auſſi les ranger dans des maſſifs d'arbres toujours-verds, pourvu qu'on les mette parmi d'autres arbres d'à peu près même croiſſance : ils y feront un très-bel effet, & une agréable variété par leur verd obſcur & triſte, qui fera paroître gais tous les autres feuillages.

L'Arbre de vie panaché eſt cultivé par les amateurs de ſemblables variétés, mais il n'eſt pas fort beau.

Ces arbres peuvent ſe multiplier par leurs branches inférieures, que l'on couche en terre au printemps, après

leur avoir fait, à l'endroit des nœuds,
une petite entaille comme aux marcottes d'œillets. Alors ces branches,
ainſi couchées, ne demandent plus d'autres ſoins que d'être arroſées par les
temps ſecs, & d'être bien ſarclées ; au
moyen de quoi elles ſeront pourvues
de bonnes racines au printemps ſuivant.
Alors il faudra les enlever & les planter
en pépiniere, à dix-huit pouces les unes
des autres, dans des rangées diſtantes
de trois pieds. Il faudra auſſi plaquer
un peu de litiere autour du pied de
chacune de ces marcottes, afin de prévenir le deſſéchement de leurs racines ;
& malgré cette précaution il ſera encore néceſſaire de les arroſer ſouvent
par les temps ſecs, juſqu'à ce qu'elles
ſoient repriſes. Cela fait, ſarclez ſoigneuſement & remuez bien la terre
autour de chaque plante, afin que leurs
racines ſe garniſſent de fibres de tous
côtés.

Ces arbres peuvent auſſi s'élever de
boutures, que l'on plantera dans une
terre humide. Si pendant les plus grandes chaleurs on a ſoin de les couvrir

de paillassons, la plûpart prendront racine : alors il faudra les traiter comme
les marcottes (*a*).

Lorsqu'on froisse entre les doigts
les feuilles de l'Arbre de vie, elles répandent une odeur balsamique très-
forte. On m'a assuré qu'on faisoit avec
la partie résineuse de ces feuilles un
onguent admirable pour les plaies récentes.

Il n'y a pas long-temps que nous
possédons en Europe l'Arbre de vie de
la Chine. Des Missionnaires françois y
en ont envoyé des cônes. Depuis lors
cet arbre a été fort multiplié dans les
jardins d'Angleterre, par des marcottes
& des boutures, ses semences (*b*)
mûrissant rarement chez nous.

Cet arbre a ses feuilles d'un fort beau
verd, en très-grand nombre, & fort
près les unes des autres sur les rameaux,
ce qui fait qu'il figure très-bien dans les

(*a*) Le mieux est de n'enlever ces boutures qu'au
troisième printemps, pour les planter à demeure ou
en pépiniere.

(*b*) Les semences de cet arbre ont mûri parfaitement à Metz l'année derniere, nous en avons
semées qui ont presque toutes levé.

plantations compofées d'arbres qui ne
fe dépouillent pas : quoiqu'il nous foit
venu de la Chine, il eft cependant très-
dur, & fupporte en ce pays-ci la plus
grande rigueur de l'hiver, ce qui le
rend très-recommandable. Comme il
parvient à la hauteur de plus de vingt
pieds, & qu'il eft garni de beaux rameaux tout le long de fa tige, il mérite
affurément un des premiers rangs parmi
les arbres toujours-verds.

Fin de l'extrait de Miller.

OBSERVATIONS
ET EXPÉRIENCES

Faites par le traducteur sur la culture des arbres résineux coniferes, où il est aussi fait mension du régime des forêts de Pins & de Sapins.

DES PINS
ET DES SAPINS.

A PRÈS avoir extrait & traduit du dictionnaire Anglois de Miller les articles concernant les Sapins, Pins, Méléses, Cédres du Liban, Cyprès & Thuyas, qui font, je crois, tous les arbres qui peuvent être compris sous la dénomination de résineux coniferes ; je vais donner mes propres réflexions sur ceux d'entre ces arbres que j'ai moi-même cultivés. Je ne dirai rien qui ne soit appuyé sur mes observations & mes expériences.

On peut ajouter au caractère générique du Sapin, que ses cônes sont toujours composés d'écailles tendres ou coriaces. Cela le différencie d'avec le Pin, dont les cônes sont ordinairement boiseux ; je dis ordinairement, parce que l'espèce nommée dans le traité des arbres & arbustes de M. Duhamel du Monceau, Pin alviez, (*a*) porte des cônes dont les écailles sont coriaces & même un peu spongieuses. La distinction la plus générale entre les Sapins & les Pins, c'est la position de leurs feuilles : celles des premiers sont toujours isolées, & le plus souvent rangées sur les rameaux à l'instar des dents d'un peigne : celles des seconds sont collées ensemble par leurs bases, au moins deux à deux, & sortent d'une espèce de gaine membraneuse. Ces arbres se distinguent encore par le port de leurs branches. Les Sapins les ras-

____

(*a*) *Pinus foliis quinis nucleo eduli.* **Haller. Helv.** Il ne se trouve pas dans le catalogue de Miller.

femblent en faifceau, ce qui leur donne la forme d'une pyramide terminée par une feule fléche verticale : au lieu que les Pins étendant leurs branches d'une manière moins régulière & plus horizontale, n'ont pas, à moins qu'ils ne foient bien jeunes, la forme d'une pyramide, & ne font guère terminés par une feule fléche, mais fouvent par plufieurs rameaux d'égale hauteur, qui fe jettent çà & là.

Les Pins & les Sapins, ainfi que la plûpart des arbres réfineux coniferes ont cela de particulier, qu'ils ne peuvent végéter que par le développement des boutons qui terminent leurs rameaux ; que dépourvus de ces boutons ils ne pouffent plus que foiblement, par le moyen de ceux qui fe trouvent à l'aiffelle de leurs feuilles ; & qu'il ne fort jamais de branches de leurs bois ni de leurs racines. Au lieu que l'écorce de prefque tous les autres arbres, eft pourvue de petits mamelons intérieurs, qui, par le mouvement de la féve, groffiffent & fe préfentent fur la partie extérieure de l'écorce, fous la forme de tubercules, qui se crévassent & laissent sortir un petit bourgeon, qui devient en peu de temps une branche vigoureuse, comme on peut le remarquer dans tous les arbres non-résineux que l'on a écimés.

Forêts de Pins & de Sapins.

Un Sapin ou un Pin qu'on priveroit de tous ses boutons périroit infailliblement. Que l'on coupe un de ces arbres, sa souche ne rejettera jamais : jamais on ne verra naître des surgeons de ses racines. Ce n'est donc que par la graine que les Pins & Sapins peuvent se multiplier. Mais si la nature leur a refusé toute autre génération, elle les a amplement dédommagés par la prodigieuse abondance de leurs graines, qui est telle, que d'après un calcul que j'ai fait, un jeune Sapin en porte quelquefois plus de huit cents mille. D'ailleurs cette graine est pourvue d'une membrane mince & transparente, qui lui sert d'aile pour être transportée au gré du vent, qui à force de lui faire changer de place, lui en fait enfin rencontrer une propre à sa germination : c'est-à-dire, une terre meuble où elle puisse

être enfoncée par les pluies ou par quel-
que petit éboulement, & être maintenue fraîche par quelqu'ombrage. Un
moyen bien aifé de fe procurer., fans
aucun foin, un grand nombre de ces
arbres, feroit d'en planter deux ou trois
fur la crête d'un côteau garni de bois.

Puis donc que ces arbres ne fe multiplient que par leurs femences, les
forêts qui en font peuplées demandent
un autre régime que celles compofées
d'arbres non-réfineux : les dégradations
y doivent être bien plus dangereufes, &
le feul moyen de les repeupler doit être
d'en interdire l'entrée au bétail.

Mais non-feulement ces arbres ne
fe multiplient que par la graine, il faut
encore que cette graine trouve une
terre meuble & de la fraîcheur ; fans
quoi elle ne germeroit pas, ou bien
le foleil deffécheroit fes premieres productions, à mefure qu'elles fe montre-
roient.

Il fuit de là qu'une forêt de Sapins
entiérement rafée, ne laifferoit au propriétaire aucune efpérance de la voir
de nouveau fuffifamment garnie. Il ne

Forêts de Pins & de Sapins.

faut donc pas même trop l'éclaircir ; & l'on ne doit y couper que les arbres qui dépérissent ou qui sont trop serrés près les uns des autres, & ménager, avec le plus grand soin, tous les jeunes Sapins bien venans & dûment espacés.

Les Pins & les Sapins, en massif, s'élaguent d'eux-mêmes ; l'ombre & la privation d'un courant d'air font périr leurs branches inférieures ; & toute la force de la séve portée verticalement tourne au profit de la tige, qui s'élance avec vigueur. Ces branches latérales se séchent, pourrissent & tombent ; il se fait un bourlet à l'endroit de leur implantation dans le tronc ; & c'est là ce qui occasionne les nœuds que nous trouvons dans les planches.

C'est par imitation de cette voie de la nature, que les paysans Suisses ont trouvé la manière d'émonder les Sapins, sans qu'ils en reçoivent un dommage notable ; dans le cas où ces arbres étant isolés, ou trop éloignés les uns des autres, poussent des branches latérales trop vigoureuses, qui détournent & s'approprient la séve au détriment de la cime, ils coupent les branches de ces Sapins à un bon pied du tronc, ce qui donne à ces arbres l'air d'une échelle. Ces tronçons de branches périffent & le bourlet fe fait à l'entour, fans qu'il exfude aucune réfine de cette partie : au lieu que l'arbre éprouveroit une grande déperdition de cette fubftance, qui eft fon fuc propre, fi l'on coupoit ces branches à fleur du tronc. Qu'on ne dife pas, comme quelqu'un l'a avancé, que cette réfine qui fort de la plaie & qui la recouvre, puiffe contribuer à la guérir : ce feroit là une pétition de principe, car on ne met de la réfine fur les coupures des arbres non-réfineux, que pour arrêter l'écoulement de leur féve, & dans ce cas-ci cette réfine eft la féve elle-même qui fe perd en abondance. Cela n'empêche pas qu'il ne foit très-avantageux de mettre de la poix fur les plaies des Sapins ; & je crois qu'avec cette précaution on pourroit hardiment couper aux jeunes Sapins quelques branches à fleur de tronc, fans qu'ils en fouffrent ; attendu que cette poix aideroit la féve à former un bourlet, & l’empêcheroit de s’écouler.

. Puiſque les Pins & Sapins s’élaguent d’eux-mêmes & montent vîte, lorſqu’ils ſont en maſſif, il eſt très-avantageux que ces arbres ſoient toujours ſerrés près les uns des autres, en proportion de leur groſſeur : cela eſt ſurtout très-important lorſqu’ils ſont jeunes, car c’eſt alors qu’ils s’élancent avec le plus de vigueur; alors leurs branches latérales étant encore menues à l’endroit de leur inſertion dans le tronc, n’occaſionnent en périſſant que de petits bourlets qui diſparoiſſent au bout de quelque temps. On peut être aſſuré que les planches faites de ces arbres n’auront preſque point de nœuds.

Depuis leur ſortie de la graine juſqu’à l’âge de dix ans, les Pins & Sapins peuvent être éclaircis par dégrés, juſqu’à ce qu’ils ſoient à ſix pieds de diſtance les uns des autres. Cet eſpace leur convient juſqu’à ce qu’ils ayent quinze ans, alors on peut de deux en couper un; mais les arbres de liſière doivent toujours demeurer le plus près les uns des autres qu'il eſt poſſible ; ils doivent former un abri à la futaye contre les coups de vent, qui, ſans cette précaution pourroient la renverſer comme un jeu de quilles. Ces arbres de liſière étendant leurs racines dans la terre tenace & libre des champs voiſins, ſont fortement attachés au ſol, & conſervant leurs branches latérales, ont leurs troncs d'une figure conique ; au lieu que les arbres de l'intérieur ſont tout d'une venue, & ne tiennent que foiblement en terre, parce que leurs racines ſupérieures ſerpentent dans un terreau léger formé par la putréfaction annuelle de leurs feuilles.

Ce terreau & celui formé par la pourriture du bois, ſont les ſubſtances les plus propres à la germination des ſemences de ces arbres, comme on peut s'en convaincre par la quantité de graines qui levent chaque année ſous les forêts de Sapins, particuliérement autour des vieilles ſouches, & même ſur les tronçons pourris.

Etant dans les Alpes je ramaſſai, à la fin d'Avril, une à une, ſur la neige, des graines du Sapin à cône incliné, lesquelles étoient déja fort gonflées & près de germer : je les femai fort épais dans une caiffe emplie de ce terreau noir & léger qu'on trouve dans les forêts de Sapins ; elles parurent au bout de quinze jours, & leverent toutes.

Cette expérience que la nature m'avoit indiquée me fervit bien depuis, & m'a toujours réuffi : c'eft pourquoi je ne puis être en tout du fentiment de Miller fur les petits femis de Pins & de Sapins. Je vais dire en quoi ma pratique differe de la fienne.

J'emplis mes caiffes comme il le prefcrit d'une bonne terre de prairie noncriblée, prife dans les taupieres nouvelles ou fous le gazon, & j'y mêle un peu de fable ou de décombres pulvérifés ; mais cette terre une fois mife dans les caiffes, & bien applanie, j'ajoute par deffus un lit d'un demi-pouce d'épaiffeur, d'une terre mêlée, par parties égales, de terreau bien confommé, de terre neuve, de fable, & de bois pourri converti en terre. C'eft fur cette couche de terre bien applanie avec une planchette

planchette que je seme mes graines abondamment & également ; ensuite je seme sur le tout, par un tour de main léger, une terre composée de parties égales de terreau fin & de bois pourri : je continue d'en jetter jusqu'à ce qu'elle forme un lit d'une épaisseur convenable, laquelle, pour plus de précision, j'ai marquée d'avance, avec de la craie, sur la partie des parois de la caisse qui déborde le niveau de la terre. La grosseur de la graine est ma régle. Est-elle menue comme celle du Sapin de Norwege ou Pesse, & des Pins d'Ecosse & de montagne, je la couvre de trois lignes, & de quatre si elle est de la grosseur de celle du Sapin à fruit vertical ou Sapin argenté. Qu'elle soit comme celle du Pin alviez, du Pin du Lord Weymouth, du Pin à trochets, je l'enterre d'un demi-pouce ; & je couvre de neuf lignes les amandes du Pin cultivé.

Si j'ai des graines d'espèces rares de Pin & de Sapin, je mets les caisses où elles sont sur une couche tempérée, sur laquelle je fais faire un échafaudage en forme de toit, pour soutenir des paillassons, que je n'ôte pendant les jours chauds que depuis cinq ou six heures du soir, jusqu'à huit ou neuf heures de la matinée du lendemain : je les ôte pour tout le jour lorsqu'il promet d'être sombre & nébuleux. Je les leve aussi lorsqu'il tombe une pluie douce & fine : mais est-elle abondante, chassée par le vent, ou à grosses gouttes, je me garde bien de découvrir ces caisses : si la graine n'y est pas encore levée, cette pluie la déterreroit; si les petits arbres sont nés, elle les dessécheroit, & pourroit même les renverser ou les arracher; car ils sont comme des cheveux, & ne tiennent que par des fibres très-menues dans cette terre peu tenace, avec quoi mes caisses ont été comblées.

C'est pour que ces petits arbres soient mieux à l'abri de cet accident que je dispose mes paillassons en faîtière. S'ils étoient étendus horizontalement la pluie les pénétreroit & s'assembleroit en globules, qui venant à tomber sur les caisses, y feroient plus de mal par leur masse que la pluie libre n'en eût fait; ce que je n'ai que trop éprouvé avant que d'avoir pris cette précaution.

Voilà mes jeunes arbres pourvus de la terre qu'ils aiment le mieux : ils jouiffent auffi des vapeurs chaudes & douces qui s'exhalent de la couche jufqu'à leurs racines, & de l'ombre falutaire à leur foible complexion.

Les voilà encore à l'abri des capri-ces de l'atmofphere. Il ne s'agit plus que de leur procurer artificiellement l'équivalent de la pluie, dont je ne les prive que pour la leur diftribuer avec plus d'égalité & de difcrétion. C'eft ce que je fais au moyen d'un goupillon à long manche, qui trempe toujours dans un fceau placé à côté de mon femis.

Lorfque le foleil près de fe coucher n'envoie plus qu'une foible chaleur, je leve mes paillaffons, & hauffant mon afperfoir bien imbibé environ à deux pieds des caiffes, je le fecoue douce-ment, & j'en fais defcendre une rofée fine, jufqu'à ce que la terre ait pris par-tout la couleur foncée que l'humi-dité lui donne. Tous les jours, excepté que l'air ne foit chargé d'eau, je réitere ce petit arrofement, tant fur les graines levées que fur celles qui ne le font pas encore.

Comme la terre s'affaiffe par les arrofemens, quelques légers qu'ils foient, il eft bon de femer un peu de bois pourri réduit en terreau fur les graines, lorfqu'on en apperçoit quelques-unes de découvertes; de même que fur les jeunes arbres, quand on voit que leurs petites tiges grêles commencent à fe déchauffer.

A mefure que le foleil échauffe moins, je laiffe tous les jours moins long-temps les paillaffons fur les caiffes. Par cette diminution infenfible d'ombre, ces jeunes arbres qui fe fortifient de plus en plus, fe trouvent être accoutumés à l'air libre pour la fin de Septembre, où le foleil n'envoie plus que de foibles rayons.

Au printemps de l'année fuivante, j'arrache ceux de ces petits arbres qui ont le mieux pouffé pour les mettre en pépiniere, laiffant encore pour un an dans les caiffes ceux qui ne fe montrent pas vigoureux. Chaque individu des

efpèces rares doit être planté dans un
pot de huit pouces de profondeur, &
fucceffivement dans de plus grands, jufqu'à la cinquième année. Les efpèces
communes doivent être traitées de
même, fi elles ne font qu'en petit
nombre ; mais fi l'on en a beaucoup,
il faut les planter par rangées en pleine
terre. Miller a fuffifamment détaillé
cette tranfplantation ; je n'y puis rien
ajouter : mais je dois déclarer que
l'expérience m'a appris que pas une des
précautions que cet auteur exige n'eft
fuperflue, & qu'en les mettant toutes
en ufage, on eft affuré d'une entiere
réuffite, fauf les accidens imprévus. Je
fuivois la méthode détaillée par Miller,
bien avant que je ne connuffe fon dictionnaire ; & j'ai eu la fatisfaction de voir
que j'avois fait fur cet objet les mêmes
obfervations que ce jardinier phyficien.

Il eft bon cependant d'avertir que
cette pépiniere de Pins & de Sapins ne
doit point, s'il fe peut, être placée dans
un terrein qui foit infefté par les taupes,
taupes-grillons, vers du hanneton &
fourmis rouges ; ces animaux y feroient

un grand dégât, comme je ne l'ai que trop éprouvé. Il faudroit être continuellement en guerre avec eux, & malheureusement on ne fait pas tous les moyens de les attaquer. Les taupes se détruisent avec la béche, au moment où elles soulevent la terre; ou bien avec un instrument, qui n'est qu'un bâton, à un des bouts duquel est attachée une planche ronde garnie de plusieurs longues pointes de fer. Cet instrument a cet avantage qu'on peut en s'en servant transpercer une taupe qui remue dans un semis, sans nuire aux petites plantes qui s'y trouvent, ce qu'on ne peut éviter, en se servant de la béche. On prend aussi les taupes avec un piége de fer que l'on tend dans leurs galeries. Les taupes-grillons se détruisent par un moyen bien simple; c'est d'arroser les lieux où ils se retirent ou qu'ils fréquentent, avec de l'eau mêlée d'un peu d'huile de chénevis. On assure que la graine & la feuille de l'ellébore noir font fuir les fourmis rouges.

Les Pins & les Sapins font bien lents durant les trois premieres années; mais ce temps-là révolu, ils croiſſent auſſi vîte que la plûpart des autres eſpèces d'arbre. Ceux qui ſont impatiens de jouir, doivent cultiver les eſpèces dont la croiſſance eſt la plus prompte. Le Sapin à feuilles d'if ou Sapin à feuilles argentées, croît plus lentement que celui appellé Peſſe ou Sapin de Norwege. Le Pin d'Ecoſſe de Miller végéte encore plus vigoureuſement que celui-ci, & me ſemble ſurpaſſé par le grand Pin maritime.

Les graines de tous ces arbres paroiſſent au bout de ſix ſemaines ou environ, lorſqu'elles ſont bonnes & bien ſoignées.

Je ne puis m'empêcher de recommander encore d'apporter tous les ſoins néceſſaires pour ſe procurer de bonne graine. Pour y réuſſir, il faut, s'il eſt poſſible, ne s'adreſſer qu'à des connoiſſeurs, quand on veut en faire venir de quelque endroit. Si vos commiſſionnaires ne ſont pas inſtruits ſur cet article, il faudra leur recommander de ne faire cueillir que vers la fin de Février, les cônes boiſeux comme ceux de la plûpart des Pins, & les cônes ſerrés comme ceux des Sapins Peſſes. Les cônes à écailles tendres & peu cloſes (*b*) doivent être cueillis en Novembre, & la graine doit en être tirée d'abord, ce qui ſe fait aiſément avec les doigts, pour la ranger enſuite par lits entre-mêlés de lits de ſable fin bien ſéché au four, dans une boëte que l'on poſera dans un lieu ſec.

Les cônes du Pin alviez ſont com-poſés d'écailles très-tendres & même ſpongieuſes. Ceux qu'on m'a envoyés derniérement du pays des Griſons, étant devenus humides péndant le tranſ-port, ont gâté les amandes qu'ils con-tenoient.

Je recommanderai dorénavant qu'on m'envoye les amandes de ce Pin, fraîchement tirées des cônes, ſans feu, & mêlées avec du ſable fin & ſec dans une boëte.

Il faut bien prendre garde auſſi qu'on ne vous envoye des cônes vides, ce qui arrive ordinairement lorſqu'on

____

(*b*) Tels ſont ceux du Sapin à feuilles d'if, ſi communs dans le Mont-vôges.

s'adreſſe à des perſonnes qui ne s'y connoiſſent pas. Les cônes de tous les Pins & Sapins s'ouvrent au printemps, laiſſent échapper leurs graines, ſe referment enſuite par la fraîcheur, & reſtent encore fort long-temps ſur l'arbre. Alors on ne les diſtingue des cônes de l'année, qui contiennent toutes leurs graines, qu'en faiſant attention que ceux-ci ſont d'une couleur moins terne que ceux-là, & qu'ils ſont plus en avant ſur les rameaux, étant venus les derniers.

Ceux qui éleveront de graine pluſieurs eſpèces de Pin & de Sapin, pourront avec un peu d'attention, appercevoir dans leurs premieres feuilles des différences propres à les leur faire reconnoître, lorſqu'ils ſemeront ces mêmes eſpèces une autre fois : la première, il eſt indiſpenſable de mettre des étiquettes de plomb, près de l'endroit où eſt ſemée chaque eſpèce.

Cependant on ſera peut-être bien aiſe de ſavoir que les premieres feuilles qui ſortent de la graine des Sapins Peſſes, ſont menues & d'un verd clair; celles des Sapins proprement dits plus

larges, d'un verd foncé, luifantes par-
deffus, & un peu grisâtres par-deffous ;
celles des Pins en général, menues,
longues, bleuâtres & nombreufes, &
celles du Pin cultivé, légérement ve-
lues.

Il me femble qu'on ne fera pas fâché
de trouver ici la méthode la plus fûre
de faire réuffir des Pins & Sapins pris
dans les forêts : la proximité du Mont-
vôges où quelques efpèces de ces arbres abondent, & les tentatives infruc-
tueufes que quelques perfonnes du
Pays-meffin ont déja faites pour en
établir des plantations, me le font pré-
fumer.

On fe flatteroit en vain de pouvoir
tranfplanter avec fuccès des Pins &
Sapins auffi hauts que les arbres ordinaires propres à être tranfplantés ; à
moins de faire une dépenfe magnifique
pour les enlever en motte : encore
doutai-je s'ils réuffiroient. Les plus hauts
qu'on puiffe tranfplanter fruétueufement
ne doivent guère avoir que cinq pieds,
c'eft-à-dire, être âgés de fix ou fept
ans, ce qu'on connoît très-bien par

le nombre d'étages de leurs branches
latérales. Il faut envoyer à la montagne
une perfonne intelligente accompagnée
de quelques manouvriers, & munie
d'un chariot & de tous les outils néceffaires. C'eft dans les derniers jours
de Mars que ce voyage doit fe commencer, afin de pouvoir planter dans
les premiers jours d'Avril.

Les perfonnes prépofées pour cette
befogne, choifiront dans la forêt le
canton où la terre ait le plus de tena-
cité. Cette terre trouvée, ils la fonde-
ront, car fi elle étoit mêlée de trop
groffes pierres, toutes tentatives pour
y arracher convenablement des Sapins
deviendroient inutiles. Cela fait, ils
choifiront & marqueront les arbres
qu'ils veulent enlever. Voici comment
il faut s'y prendre pour les arracher.
On cernera la terre à deux (*c*) pieds
de la tige, & l'on creufera enfuite fuivant cette cerne jufqu'à la profondeur
d'un pied & demi ; ce qui formera
autour de la motte un foffé, qu'il

____

(*c*) On pourra, felon les circonftances, donner
moins de maffe à la motte.

faudra élargir affez pour que les ouvriers puiffent aifément s'y retourner, & détacher la motte de fa bafe, en tenant la béche. prefque horizontalement. Lorfque la motte fera détachée du fond, il faudra l'amincir par les côtés, autant qu'il fera poffible, fans déloger les racines, & ôter toute la terre de fon aire fupérieure jufqu'aux premieres racines latérales : cela fait, on la fou-levera d'un côté avec des leviers, & on la renverfera doucement fur un de fes flancs; de manière que l'arbre, fous les branches duquel on mettra une botte de paille, foit prefque couché à plat. Alors on prendra de la longue paille qu'on appliquera par le milieu de fa longueur fur la bafe de la motte; on retrouffera cette paille de tous côtés, pour la lier fortement contre la partie inférieure de la tige de l'arbre, & lé-gérement en deux endroits de fa partie moyenne, afin de maintenir les pre-mieres branches latérales fans les froiffer.

Cette opération finie, on pofera l'arbre fur une civière avec des leviers, & on le portera fur le chariot, dont

le fond doit être bien garni de paille ;
on couchera cet arbre dans le chariot,
& pour qu'il y soit placé horizontalement, on mettra quelques bottes de
paille sous sa tige, pour la soutenir à
la hauteur d'un pied & demi, qui est
la longueur du rayon de l'aire supérieure de la motte. Il n'est pas besoin
de dire qu'il faut que le chariot aille
très-doucement, & évite les chemins
anfractueux. La voie des bateaux, si
elle n'étoit pas si longue, seroit excellente pour ce transport.

Des arbres de cette taille peuvent
être plantés à demeure, soit pour former des allées dans des parcs, soit pour
garnir des bosquets d'hiver : ils peuvent même être plantés en raze campagne, en fichant près de leurs tiges
trois pieux de quatre pieds de haut,
joints ensemble des trois côtés, par
deux traverses bien clouées.

Pour planter ces arbres on aura formé
d'avance des monticules de terre ou des
berges de fossés, où l'on fera des trous
de quatre pieds en tous sens, dans les-
.quels on descendra les arbres sans ôter

leurs enveloppes ; alors on déliera la paille & on la rabattra jufques fur l'aire fupérieure de la motte, afin que cette paille fe trouve entre deux terres pour conferver la fraîcheur auprès des racines. Cela fait, on comblera le trou, ayant foin d'enterrer l'arbre d'un pouce & demi plus qu'il ne l'étoit dans la forêt. Enfuite on mettra de la litière autour de fon pied, & on l'arrofera à plufieurs reprifes. Alors cet arbre ne demandera plus d'autre foin que d'être arrofé quelquefois par la grande féchereffe.

Il eft à propos d'avertir que le Sapin Peffe ou Epicea reprend bien plus aifément que le Sapin proprement dit, ou Sapin à feuilles d'if, & qu'il eft auffi moins délicat fur la nature du terrein. On a vu ci-deffus qu'il croît bien dans les plaines unies, dans le fond des vallées, & qu'il aime une terre forte & humide. Je puis ajouter à cela qu'il réuffit à merveille en Flandre, comme il paroît par ceux qui forment une allée dirigée fur l'entrée de la maifon Abbatiale de Vicogne, lefquels ont déja foixante pieds de haut.

Ces Sapins croiſſent même dans les terreins inondés & le long des ruiſſeaux :
étant dans les Alpes j'y en ai vus beaucoup de très-vigoureux dans de ſemblables poſitions.

Cette eſpèce de Sapin eſt la plus rare
dans le Mont-vôges, on ne commence
à la rencontrer que vers Géraulmé, &
dans les vallons qui s'approchent le plus
de l'Alſace, au lieu qu'elle eſt la plus
commune dans les Alpes, en Suede & en
Norwege. C'eſt le Sapin à feuilles d'if
aſſez rare par-tout ailleurs, qui abonde
le plus dans les montagnes de la Lorraine. On commence à en voir à Ravon,
c'eſt-à-dire, à quinze lieues de Metz.
On trouve déja quelques Pins à deux
feuilles auprès de Senone, & il y en a
un très-gros auprès de l'Egliſe d'un
village, qui n'eſt qu'à une lieue en de-
là de Ravon ſur la grande route.

Le Pin alviez ne ſe trouve guère
dans les Alpes de la Suiſſe, que dans
une vallée du pays des Griſons, appellée
la baſſe Engadine : on en voit auſſi
quelques-uns vers la ſource antérieure
du Rhin dans la Via-mala. Je ne l'ai

jamais rencontré dans les montagnes
de la Lorraine; mais un naturaliste de
mes amis, M. Beceur, qui a mieux
que personne la méthode d'embaumer
les oiseaux, & qui a seul le secret de
les conserver, m'a fait part de quelques
amandes tirées du gézier d'un cocq de
bruyere, lesquelles se sont trouvées
absolument semblables à celles de cette
espèce de Pin. Comme je suis assuré
que cet oiseau a été tué dans les montagne de Lorraine, il y a grande apparence que ce Pin doit s'y trouver.

M. Buchoz, dans son *Tournefortius
Lotharingiæ*, fait mention d'un autre
Pin, appellé Pin à torches par les Vos-
giens, parce que son bois étant plus
résineux que celui des autres espèces,
ils s'en servent pour s'éclairer : mais ce
n'est qu'une variété du Pin de montagne; & si on le regarde comme une
espèce, c'est par respect pour notre
maître l'immortel Tournefort.

Si l'on veut tirer des montagnes, des
Sapins ou Pins (*d*) hauts d'un ou de

_____

(*d*) Les Pins ne peuvent guère être transplantés
plus hauts avec succès.

deux

deux pieds, pour les planter à demeure dans un terrein enclos, ou pour garnir des bosquets d'hiver, on les prendra avec leurs mottes, que l'on placera dans des paniers construits comme je vais l'expliquer. Ils doivent être d'osier brut, carrés, & proportionnés à la grosseur des arbres qu'on veut y mettre, mais ils doivent être au moins profonds de sept pouces. Leur partie supérieure doit se fermer par deux demi-couvercles à charnieres d'osier, échancrés dans le milieu des côtés qui doivent se joindre, afin de laisser passer la tige de l'arbre. Lorsque la motte sera placée dans ces paniers, on emplira de terre fine tous les intervalles qui pourront se trouver entre cette motte & les parois inté-rieurs du panier, continuant de jetter de cette terre, jusqu'à ce que le panier soit un peu plus que comblé ; alors on abattra les deux demi-couvercles, en comprimant la terre, & on les assujet-tira avec plusieurs tours d'une ficelle forte.

Si l'on ne veut prendre que des Sa-pins ou Pins de six à huit pouces de

K

haut, on les levera avec leurs mottes, que l'on enveloppera de plusieurs doubles de papier gris, liés par plusieurs tours de gros fil. Lorsqu'on voudra planter ces arbres, on défera simplement le fil, & l'on mettra en terre la motte avec le papier, qui loin de nuire à l'arbre, conservera de la fraîcheur autour de ses racines, & aidera à le faire reprendre. J'ai envoyé du Mont-jurat des Pins & des Sapins enveloppés comme je viens de le dire, dont plus des deux tiers ont très-bien repris, quoiqu'ils ayent été en route pendant près d'un mois, & qu'ils soient arrivés au milieu de l'hiver.

Enfin ne veut-on que des Sapins ou Pins âgés d'un ou de deux ans (*e*), pour les cultiver en pépiniere; il suffit de les arracher avec précaution dans le commencement d'Avril, & de laisser après leurs racines le plus de terre qu'il sera possible : on les mettra par bottes de vingt-cinq chacune, que l'on enveloppera de mousse liée avec de l'osier. Si

(*e*) Ceux de deux ans sont les meilleurs; ceux d'un an sont trop grêles.

ces petits arbres font plantés avec tous les foins requis, dans une terre fraîche un peu ombragée, on peut compter qu'il en reprendra au moins la moitié.

On a vu la méthode de Miller pour faire des grands femis de Pins & de Sapins. Je l'ai éprouvée cette année, & elle m'a très-bien réuffi : les fourmis rouges défolent ce femis, mais c'eft un inconvénient local, ou bien ces infec-tes ont été attirés par la paille (*f*) ha-chée que j'ai mêlée dans la terre avec quoi j'ai recouvert la graine.

Voici d'autres méthodes de faire des femis de Pins & de Sapins en grand, qui ne m'ont pas toutes également réuffi.

Premiere expérience. Ayant choifi un demi-arpent d'une terre médiocre couverte de chaume, je me fuis con-tenté d'y faire des trous d'un pied en carré, efpacés à quatre pieds les uns des autres, & de cinq pouces de pro-fondeur, & je les ai remplis à moitié

(*f*) Comme la terre de ce femis eft très-compacte & fujette à fe corroyer, j'y ai mêlé cette paille hachée pour la maintenir meuble.

d'un terreau végétal, pris dans les bois, mêlé avec du sable gras. J'ai enfemencé ces trous avec de la graine du Sapin à feuilles d'if, qui avoit trempé pendant deux jours, & que j'ai recouverte de quatre ou cinq lignes de terreau de couche. Enfuite j'ai fiché autour de ces trous des plançons de fureau inclinés, afin de leur procurer de l'ombrage.

Ma graine qui avoit été tirée des cônes avant l'hiver, fans être confer-vée dans du fable fec, étoit à moitié gâtée : l'ayant fait tremper trop long-temps, elle s'étoit trop amollie. Malgré ces inconvéniens elle germa en quan-tité fuffifante dans ces trous qui con-fervoient l'humidité : ils me parurent en général plus que fuffifamment gar-nis : quelques-uns même contenoient jufqu'à quinze petits Sapins. Je me fé-licitois de cette furabondance, & je comptois tirer fucceffivement quantité de ces jeunes arbres de ce femis, juf-qu'à ce qu'il n'en fut refté qu'un pour deux trous, qui fe feroient trouvés à huit pieds les uns des autres en tous fens, efpace convenable pour un maffif

de Sapins. Jufques-là j'étois fort con-
tent, & je voyois par avance un joli
bois de Sapin près de ma maifon. Mais
combien chaque jour ne me fallut-il
pas rabattre de cette efpérance flat-
teufe ? Les taupes amorcées par le terreau & par la fraîcheur, dirigerent
leurs routes fouterraines vers mes petits
arbres ; & je ne vis plus à la place de
la plûpart de mes trous que des monticules, où mes *Sapinets* pendoient çà
& là, décolorés & prefque fans vie.
C'étoit peu de cet inconvénient, j'en
effuyai bien d'autres. Comme mon
champ n'avoit pas été labouré, le chiendent à racines rampantes, & l'indef-
tructible (*g*) lizeron, fe traînerent peu
à peu jufqu'à mes petits arbres qu'ils
étoufferent. Ces plantes indociles que
je faifois arracher fouvent, revenoient
toujours. Je me laffai enfin de tenter de
les détruire. Là où le fureau manqua, le
foleil deffécha le peu de Sapinets qui
avoient échappé à tant d'ennemis, les
vers blancs & les taupes-grillons ache-
verent de les perdre : l'automne étant

______

(*g*) Nos payfans le nomment œillot.

venue, il ne m'en resta plus que quelques-uns à de fort grandes distances, cependant je compte réparer aisément ce semis.

Seconde expérience. J'ai semé à la volée de la graine de Sapin à feuilles d'if sur un labour à la houe (*h*), dans des planches d'une terre fraîche & légère, bordées de hayes d'arbrisseaux. Cette graine a très-bien levé, & les jeunes arbres sont vigoureux, ce que j'attribue à l'ombrage. Cette méthode est d'autant meilleure qu'on jouit d'un taillis, en attendant que les Sapins soient en état de figurer ; mais pour l'exécuter avec succès, il faut avoir préparé le terrein trois ans d'avance, & l'avoir planté de rangées d'arbrisseaux, espacées de quatre ou cinq pieds, ce qui formera des planches, au milieu desquelles on en formera d'autres d'un pied & demi ou deux pieds de large, dans lesquelles on semera la graine de

(*h*) Après avoir labouré à la houe, j'ai fait passer un rateau de fer sur cette planche, ensuite on a semé la graine, puis on a passé le rateau encore une fois ; alors j'ai semé sur le tout environ trois lignes de terreau mêlé de sable.

Sapin. De cette manière on pourra toujours cultiver les rangées d'arbriſſeaux pour accélérer leur croiſſance, & pour empêcher les mauvaiſes herbes de s'établir.

Les arbriſſeaux les plus convenables à cet uſage ſont ceux qui croiſſent vîte en hauteur, & ne groſſiſſent guère, comme le troene & la viorne. Si l'on ſe ſervoit de viorne (*i*), on en feroit un bon profit en la vendant aux Vaniers.

Troiſième expérience. J'ai fait défricher un morceau de terre au milieu d'un taillis. Comme le ſol étoit un ſable gras qui venoit d'être foui, en arrachant les cépées, je me ſuis contenté de faire labourer à la houe ce terrein défriché, d'y ſemer pêle-mêle de la graine de Sapin à feuilles d'if & de la faine, puis de faire paſſer la herſe ſur le tout. Ce ſemis eſt très-beau & très-bien garni; mais l'herbe y eſt venue fort haute, & on n'oſe l'arracher de crainte d'enlever en même temps les

____

(*i*) Nos payſans la nomment machaille & le troene *pinabo.*

jeunes Sapins, qui par la ténuité de leurs racines ne tiennent presque pas en terre.

Je pourrai bien donner à l'avenir, en forme de supplément, les nouvelles expériences que je ferai sur les grands semis de Pins & de Sapins; on ne sauroit trop les varier, tant sur les différentes espèces de ce genre, que sur différens terreins & différentes positions & expositions.

Je ne parlerai ni de la nature des divers sucs résineux qui exsudent des plaies faites aux Pins & aux Sapins, ni de la manière de les préparer, & de leurs usages. Cette partie intéressante a été traitée par M. Duhamel du Monceau, avec autant de netteté que d'étendue. Cet Académicien patriote, qu'on peut regarder comme le restaurateur de l'agriculture parmi nous, & qui trouve la récompense de son travail dans le pur plaisir de contribuer au bien public, ne néglige pas les moindres détails lorsqu'ils peuvent être utiles.

De toutes les propriétés médicinales

des Pins & des Sapins, leur vertu antifcorbutique eft la plus fûre, ou du moins la mieux conftatée par l'expérience. Ceux qui ont voyagé au nord parlent avec le plus grand éloge des effets merveilleux des bourgeons de Sapin, pour la curation du fcorbut le plus invétéré. On m'a affuré que ces bourgeons avoient guéri des fcorbutiques, dont la chair tomboit en putréfaction : ils font improprement appellés de Sapin, & fe cueillent fur le Pin commun à deux feuilles. Cette circonftance intéreffante m'a été confirmée par une lettre dont M. Poiffonier m'a honoré. Ce doit être une vraie confolation pour les perfonnes de cette province, attaquées du fcorbut, d'avoir fi près d'elles un fpécifique, cette efpèce de Pin fe trouvant à dix-fept lieues de Metz comme je l'ai déja dit. On pourroit croire que ces bourgeons ne perdent rien de leur vertu en fe defféchant, puifqu'elle ne réfide que dans la partie réfineufe, qui eft fixe & incorruptible.

Qu'on me permette cependant de remarquer que cette réfine dans les

bourgeons frais, eſt dans un état d'é-
mulſion, qui ſans rien ajouter à ſa vertu
eſſentielle, la rend du moins plus miſ-
ſible avec l'eau ; d'où il ſuit , ce me
ſemble , qu'une décoction faite avec
des bourgeons frais, doit être plus effi-
cace qu'une faite avec les bourgeons
ſecs qu'on nous apporte de Ruſſie. J'ai
eu lieu de remarquer à l'aſpect de ces
bourgeons de Ruſſie, que la dénomination de bourgeons eſt encore erronée,
car ce ſont de vrais boutons dans leur
état de repos ; au lieu qu'on ne doit appeller bourgeons que des boutons développés, alongés , & devenus un commencement de branche tendre & mu-
cilagineuſe.

Voici un détail de la manière de ſe
ſervir de ces bourgeons, tel que me
l'a envoyé M. Poiſſonier.

» Pour préparer ces bourgeons con-
» venablement, il faut en faire bouillir
» une once avec égale quantité de miel
» blanc dans une pinte & demie d'eau,
» juſqu'à réduction d'environ le tiers,
» & paſſer enſuite au travers d'un
» linge ſans expreſſion. On ne donne

» au commencement que trois onces
» de cette décoⴚtion le matin & autant
» le ſoir : ſi l'eſtomach ne la rebute
» pas, ce qui arrive quelquefois, on
» augmente la doſe par dégrés, juſqu'à
» ce qu'on puiſſe en faire prendre quatre
» verrées de ſix onces chacune, dans le
» cours de la journée, pendant trois
» ou quatre ſemaines conſécutives.

» Si l'eſtomach rebute cette décoc-
» tion, on la coupe avec autant d'eau,
» & ſi après en avoir fait uſage pen-
» dant quelques jours elle continue
» d'exciter des nauſées, on l'abandonne
» entiérement, & l'on a recours aux
» ſucs nouvellement exprimés des plan-
» tes antiſcorbutiques.

Cette vertu précieuſe du Pin, les
différentes réſines utiles qu'on tire des
diverſes eſpèces de ce genre & de celui
des Sapins, l'uſage qu'on fait de ces
arbres pour la menuiſerie, la charpenterie & l'architeⴚture navale, devroient
engager à les cultiver, & ſur‑tout à
en faire des ſemis en grand, qui réuſ-
ſiroient dans des terres où peu d'autres
arbres pourroient ſubſiſter.

Je fais que l'opinion où l'on est que ces arbres croissent avec lenteur, suffit pour empêcher le plus grand nombre d'en planter. Nous sommes dans un siécle où l'on veut jouir, & où l'intérêt du moment est presque toujours le plus fort. Il n'y a, me dira-t'on, que les Communautés Religieuses qui vivent toujours, qui puissent raisonnablement cultiver des arbres dont le profit est si éloigné. Je réponds à cela que ces arbres, comme Miller le dit, croissent plus vîte que la plûpart des autres, pouvant parvenir dans vingt ans à quarante pieds de haut; & que quand bien même il seroit vrai qu'il leur fallût un siécle pour être mis en œuvre, ce ne seroit pas une raison suffisante pour empêcher un pere de famille d'en faire des semis & plantations.

Aura-t'il moins de prévoyance pour une postérité issue de son sang, qu'une Communauté Religieuse pour des successeurs ausquels elle ne tient que par des liens factices, & qu'un auteur pour le sort équivoque de ses productions? Depuis quand & par quelle funeste apathie confent-on à mourir tout entier, à ne laiffer aucunes traces de fon exiftence ? Si j'étois feul dans un défert je voudrois y faire végéter ma mort, en réfignant *mes principes* au pied d'un arbre que je viendrois de planter.

Et s'il ne faut être que citoyen pour être flatté d'avoir augmenté la maffe d'une production utile, à plus forte raifon un pere de famille doit-il l'être, de penfer qu'un jour fes enfans trouveront dans une coupe de bois plantés par lui, une fomme qui fervira à leur avancement, & qui fera peut-être néceffaire au rétabliffement de leur fortune.

Pour convaincre au furplus de leur erreur, les perfonnes qui paffent leur vie à dire qu'elles ne plantent pas de crainte de ne pas jouir, ou qu'elles ne veulent planter que des Peupliers ; j'ofe les affurer par ma propre expérience & par bien des exemples dont j'ai été frappé, qu'on peut avec des foins, qui deviennent des plaifirs, tripler la vîteffe de la croiffance des arbres, & qu'il n'eft pas befoin, pour en retirer de la satisfaction, qu’on voye leur cime cachée dans la nue.

Je ne connois rien de plus propre à appuyer cette assertion, que ce que m’a dit, & ce que m’a montré M. de Roquefeuille, ancien Brigadier des armées du Roi.

En passant à Réthel, je trouvai ce respectable vieillard qui se promenoit dans un magnifique jardin qu’il avoit créé, & qui est si bien venu, que je jugeai qu’il étoit planté depuis vingt ans : il m’assura qu’il ne l’étoit que depuis sept, il me montra des plantations toutes récentes, & des emplacemens où il se proposoit d’en faire de nouvelles. Peut-être, me dit-il, serez-vous étonné que je plante encore à mon âge, car je suis presque octogénaire; vous le serez davantage d’apprendre qu’il m’en prit envie il y a quarante ans, & que j’en fus empêché par la crainte de ne pas jouir. Je ne plante que depuis sept années, & j’éprouve que ma crainte étoit fausse, car je commence à jouir dès l’instant où je place un arbre; je me plais à épier ses premiers bourgeons &

à diriger ſa nouvelle branche ; & je veux que la mort me trouve occupé à planter quand je ne pourrai plus l'éloigner par la ſanté que me procure cet exercice.

DU MÉLÉSE.

CEt arbre se trouve en grande abondance dans les montagnes de la
Suabe, du Dauphiné, du Valais, de la
Rhétie & de l'Italie. En allant depuis
Basle vers le pays des Grisons, on ne
commence à en voir qu'après avoir
passé le lac de Wallenstat, sur une montagne qui est à l'opposite de Sargants.
Alors plus on avance dans les Alpes de
la Rhétie, plus on en rencontre : on ne
voit pas même d'autres arbres sur le
sommet des hautes montagnes de ce
pays. Malgré la neige dont ces lieux
sont couverts pendant huit mois de
l'année, malgré l'aridité du sol qui n'est
que pierraille, les Méléses y subsistent
& parviennent jusqu'à la hauteur de
vingt ou trente pieds : il est vrai qu'ils
n'y poussent pas vigoureusement, &
que la plûpart, jouets des orages &
accablés sous le poids des frimats, sont
inclinés, tortus, & à moitié déracinés.

C'est dans les vallons profonds &
étroits,

étroits, formés par les montagnes du premier & du second étage, qu'on voit des Méléses d'une hauteur surprenante, dont la cime est sans figure poëtique, le plus souvent cachée dans les nuages. J'en ai vus plusieurs qui passoient cent vingt pieds, & qui étoient bien loin de dépérir.

Rien n'est plus beau que cet arbre dans les endroits où il se plait. Sa tige est aussi droite que celle du Sapin : sa tête est une pyramide réguliere, formée par plusieurs étages très-distincts, dont les plus inférieurs s'étendent au loin horizontalement : cette pyramide est terminée par une fléche bien élancée. Ses jeunes rameaux sont couverts d'une écorce jaune & comme vernie, marquetée d'écailles oblongues, lisérées de brun-rouge. Ses boutons d'un brun foncé, qui sont rangés alternativement sur ces rameaux, ressemblent pendant l'hiver à de petits pinceaux obtus : mais dès que l'air commence à tiédir, vers la fin de Février, ils s'alongent, & dans ce moment ils ressemblent très-bien à de véritables pinceaux pointus :

L

les feuilles très-menues, longues, presque capillaires, dont ils sont composés, se rabattent alors horizontalement, s’étendent circulairement, & forment une étoile autour d’un petit tubercule : au milieu de cette étoile on apperçoit le sommet de ce tubercule. La partie de la branche d’en bas, la plus proche du tronc, est celle dont les boutons s’ouvrent les premiers ; ils se développent ensuite les uns après les autres jusqu’au bout de la branche, & les autres branches verdissent successivement jusqu’à la fléche par la même gradation. Mais le bouton qui termine cette fléche, qui est bien plus oblong que les autres, étant tous dans leur état d’hiver, ne s’ouvre que bien long-temps après que l’arbre est garni de feuilles. Il faut un grand mouvement dans la séve pour le décider à partir : & sa prudence est admirable ; car comme le Mélése croît souvent au milieu de la glace, qui couronne les plus hautes montagnes, & que cet arbre, ainsi que tous les arbres résineux, ne peut guère être continué que par l’alongement de ce bou-

ton qui termine la fléche ; s'il s'ouvroit
trop-tôt, le tendre bourgeon qui en
fortiroit, pourroit être faifi par les
fortes gelées qu'il fait, jufqu'à la moitié
du printemps, dans les lieux où croiffent ces arbres, lefquels par la flétrif-
fure de ce bourgeon, deviendroient
rabougris, & refteroient toujours tels.

Tous les boutons latéraux de toutes
les branches, & même ceux qui terminent les branches latérales, une fois
développés en *étoiles*, reftent long-
temps dans un état d'inertie ; mais celui
qui termine la fléche, s'alonge dès l'inftant qu'il s'ouvre, & produit vîte une
branche vigoureufe, parfaitement ref-
femblante à une branche du Tytimale,
appellé mal-à-propos à feuilles de Cyprès. Peu de temps après la naiffance
de cet alongement de la fléche, les
étoiles (*a*) qui terminent les branches
latérales, pouffent par un fecond développement, qui eft celui du fommet du
tubercule qui fe trouve à leur milieu,
des petites branches à peu près femblables à celle que je viens de décrire,

(*a*) Je prie qu'on me paffe ce terme.

mais grêles, lentes, & qui s'arrêtent bientôt. Ensuite quelques-uns d'entre les sommets de tubercules du milieu des étoiles latérales des branches latérales, pouffent de petits rameaux encore plus grêles. Plusieurs de ces tubercules ne bougent pas & restent simplement environnés de feuilles, disposées comme les rayons d'une étoile.

C'est alors que cet arbre peut s'appeller la gloire du printemps, par l'aménité du verd de son riche feuillage, qui a l'air d'un tissu de franges, & dont l'éclat qui ternit toute autre verdure, est encore relevé par de petits fruits naissans de couleur purpurine, dont quelquefois ces arbres sont tout couverts.

Le bois du Mélése est d'un grand usage, & il est bien supérieur à celui du Pin & du Sapin, en ce qu'il est beaucoup plus dur & qu'il résiste à l'air & à l'eau. Dans le pays des Grisons, on en fait des conduits de fontaines, & de petites planchettes avec quoi l'on couvre les maisons. On en fait aussi dans ce pays, des chassis de vitres, qui sont

un objet de commerce. Ce bois s'employe préférablement aux autres bois
réfineux, pour la charpenterie, la me-
nuiferie & l'architecture navale. On
en diftingue de deux efpèces, le rouge
& le blanc; le premier eft préféré parce qu'il eft beaucoup plus dur que
l'autre : mais il eft très-poffible qu'ils
ne viennent pas de deux efpèces différentes de Méléfe. Le rouge eft fans
doute d'un viel arbre, ou ce qui revient au même, d'un arbre en terre
maigre & féche; & le blanc d'un arbre
vigoureux en terre humide. Cependant
il fe peut que les efpèces n°. 1 & n°. 2
de Miller, qui fe trouvent enfemble
dans les Alpes, ayent leurs bois différens.

Le Méléfe procure une térébenthine
très-claire : (*b*) prife intérieurement à la
dofe de deux cuillerées dans un bouil-
lon, elle prévient les accidens de la
fuite d'une chûte, & appaife les maux
de rein. Une dragme de cette térébenthine eft un purgatif convenable dans
la phthifie, & même peut la guérir en

(*b*) C'eft la vraie térébenthine de Venife.

évacuant les humeurs viciées. Cette fubftance fe trouve quelquefois raffemblée dans les crévaffes du tronc des vieux Méléfes; ou bien on la tire des jeunes par des incifions : & celle-là eft la meilleure.

Le Méléfe produit auffi une manne appellée *manna laricea*, que Lemery dit être fort bonne. Cet auteur ajoute qu'on la trouve épanchée fur l'écorce de ces arbres, ou qu'on l'en tire par des incifions. Il dit encore qu'on la prépare quelquefois en petits bâtons, au moyen de petits chalumeaux, enfoncés dans le tronc des jeunes Méléfes. La manne coule dans ces chalumeaux, s'y féche & s'y moule. Il feroit fingulier qu'on tirât la manne des Méléfes, de la même manière qu'on tire leur térébenthine. Apparemment que c'eft le fuc propre de cet arbre, fous deux formes différentes déterminées par la faifon; car on ne tire la manne qu'en Juin & Juillet. Dans ces deux mois, dit le dictionnaire économique, d'après M. Duhamel du Monceau, on trouve, avant le lever du foleil, la manne fur le tronc des jeunes Méléses, & sur les branches des vieux, sous la forme de petits grains blancs qui ne paroissent point quand le temps est couvert, & qui se dissipent dès que le soleil les frappe.

Il croît au pied du Mélése un agaric qui est le seul qu'on employe en médecine. Il est purgatif, fébrifuge, stomachique, & propre à dissiper l'humeur pituiteuse.

On lit dans Vitruve, que César ayant fait faire un grand feu au pied de la porte de la ville de Larisse, cette porte ne put jamais s'enflammer : on reconnut, ajoute-t'il, qu'elle étoit de bois de Larix, arbre fort commun dans les environs. Cette relation passe toute croyance, car le bois de Mélése étant très-résineux, doit être très-combustible. Je sais qu'on prend de grandes précautions contre le feu, dans les pays où les maisons sont couvertes de merrain de Mélése, & qu'on fait même avec ce bois un charbon assez estimé.

Comme Vitruve n'a parlé du Mélése que sous le nom latin de Larix, le dictionnaire d'histoire naturelle & celui de Trevoux, ont fait de Larix & de Méléfe deux articles féparés. On pourroit croire en conféquence que ce font deux arbres différens.

On lit dans plufieurs livres d'agriculture, que le Méléfe eft fort difficile à élever, & qu'on a bien de la peine à faire lever fa graine ; c'eft là fans doute ce qui a empêché de multiplier ce bel & bon arbre. La plûpart de ceux qui ont parlé de fa culture n'ont fait que répéter les erreurs de quelques écrivains anciens ; ceux qui ont fuivi ces faux préceptes n'ayant eu que de mauvais fuccès, fe font bien vîte dégoûtés de cultiver cet arbre.

La premiere chofe dont j'aie reconnu le faux, c'eft cette pratique indiquée fur la parole des anciens, par quelques-uns de nos modernes, & donnée comme la plus fûre, qui confifte à enfoncer les cônes de Méléfe remplis de graine de deux ou trois pouces en terre. Des raifonnemens bien fimples m'ont démontré que la graine des cônes ainfi enterrés en leur entier, ne pouvoit pas réussir. 1. En prenant pour principe une expérience dûment répétée, toute graine aussi petite que celle du Mélése, ne peut pas lever quand elle est enfoncée de deux ou trois pouces. 2. Comme les écailles de la pointe du cône de Mélése ne contiennent jamais que des graines avortées, celles qui sont entre les écailles du milieu de ces cônes ainsi enterrés, se trouvent encore d'un demi-pouce plus enfoncées que le sommet dudit cône. 3. Si l'on enterre ce cône la pointe en bas, ce doit être encore pis ; puisqu'alors les écailles s'ouvrant ou ne s'ouvrant pas, le germe de la graine a tout le chemin de la longueur de l'écaille à faire de surcroît. Enfin ces cônes s'ouvriront-ils en terre, puisqu'il n'y a qu'un dégré de chaleur assez considérable qui puisse opérer cet effet (*c*)?

Voilà ce que je pensois de cette pratique avant que de l'essayer : je crois que cela m'en dispensoit; pour-

______

(*c*) Quand Miller conseille de tremper ces cônes dans l'eau, ce n'est pas pour faire bâiller leurs écailles, c'est seulement pour les amollir.

tant j'eus la conſtance de répéter cet eſſai deux ans de ſuite. Il en a toujours réſulté, qu'à la fin de la ſaiſon, j'ai trouvé mes cônes fermés, moiſis, & leurs graines pourries dans le fond des écailles.

Il eſt dit auſſi quelque part, que ſouvent les Méléſes ſouffrent beaucoup des gelées du mois de Mars. Je puis aſſurer que des Méléſes infiniment petits, âgés de huit mois, tendres, herbacés, tranſplantés ce printemps 1767, ont eſſuyé toutes les gelées non communes qu'il a fait au mois d'Avril, ſans en avoir été ſenſiblement altérés. Aſſurément les gelées ordinaires de Mars ne ſont pas ſi âpres que celles qu'il a fait dans le mois d'Avril de cette année.

Ce qui peut faire croire que les Méléſes ſont tendres étant petits, n'eſt pas qu'ils viennent des pays chauds, mais que dans les lieux où ils croiſſent, ceux provenus de la graine des vieux ſont pendant pluſieurs années couverts de neige juſqu'au mois de Mai.

Pluſieurs plantes des plus hautes

Alpes, où le froid eft au moins auffi âpre qu'en Laponie, fe montrent néanmoins fort délicates, lorfqu'elles font tranfplantées dans les pays de plaines tempérés : n'y étant pas couvertes de neige durant l'hiver, elles pouffent pour peu qu'il faffe doux; une gelée furvient qui les fait périr : au lieu que là où elles croiffent naturellement, elles font couvertes de neige jufqu'à ce que toute gelée foit paffée, fouvent jufqu'en Juillet; & fe trouvent munies de la même couverture dès le mois de Septembre.

Le Méléfe n'eft point un arbre des climats très-froids, comme quelques-uns l'ont écrit, encore moins des climats chauds, comme d'autres l'ont avancé, c'eft un arbre des expofitions très-froides des hautes montagnes des pays tempérés; néanmoins on le trouve fouvent dans les moyennes montagnes des pays plus froids que tempérés, comme dans celles de la Suabe, & dans le fond des vallons des pays plus froids que le Pays-meffin, comme dans le Bailliage de Sargants en Suiffe. Je foupçonne qu'on doit le trouver en plaine dans quelques pays froids.

Bien qu'il ſoit utile aux Méléſes âgés de huit mois, d'être abrités pendant le premier hiver, je doute que cela ſoit indiſpenſable. Un petit Méléſe âgé de ſix mois, auſſi mince qu'un cheveu, qui s'eſt trouvé dans un ſemis de Sapin expoſé au nord & à l'oueſt, a parfaitement réſiſté au froid de cet hiver 1767, peut être faut-il l'attribuer à la neige dont il a été couvert. Quoiqu'il en ſoit, mes Méléſes de deux ans ſont reſtés en pleine terre, ſans nulle couverture artificielle, durant les deux terribles hivers que nous venons d'eſſuyer ; & ils n'ont pas ſouffert en la moindre des choſes.

Je viens de lire dans la nouvelle édition d'un gros livre, qu'il faut ne tirer les Méléſes des terrines ou caiſſes où on les a ſemés, qu'au bout de trois ou quatre ans. Je puis aſſurer que ſi on les y laiſſe ſeulement deux ans, la moitié ſera étouffée & le reſte languira. Des Méléſes d'un an étant reſtés dans les terrines la ſeconde année bien à l'aife, puifqu'on en avoit arraché le plus grand nombre, n'avoient à la fin de cette feconde année que trois pouces de haut, tandis que ceux du même âge qui avoient été tirés des terrines & tranfplantés au printemps, avoient dix pouces de haut, & des branches de quatre pouces de long.

Il eft dit quelque part, que Miller dit qu'il ne faut pas labourer au pied des Méléfes. Je n'ai pu trouver l'endroit où Miller dit cela, & j'ai trouvé celui où il dit le contraire.

On lit dans un certain ouvrage, que le Méléfe ne vient jamais bien quand il eft ifolé. Il eft vrai qu'il ne vient jamais mieux qu'en maffif; mais je fuis fûr qu'il réuffit mieux ifolé que pas une efpèce de Pin & de Sapin.

Je ne fais où j'ai lu que Miller dit qu'un Méléfe tranfplanté âgé de plus de quatre ans dépérit & meurt au bout de vingt. Miller dit, comme on l'a vu, que plus petits font ces arbres quand on les plante à demeure, mieux ils réuffiffent, & qu'ils rattrapent ceux qui ont été plantés plus forts : mais il ne dit que cela.

On peut voir par ce qui a déja été dit, & l'on sera convaincu par ce qui va suivre, que le Mélése vient fort aisément de graine, qu'il se transplante facilement étant petit, & toujours sûrement quand on l'enleve en motte; que sa culture est fort simple, & qu'il croît plus vîte que la plûpart des arbres non-résineux. D'où l'on peut conclure, qu'il seroit aussi aisé qu'utile de multiplier cet arbre autant que les plus communs, d'en faire de grandes pépinieres, des enceintes, des allées, des massifs, des bois entiers; & peut-être des semis en grand, projet que je ne veux abandonner qu'après avoir varié mes expériences jusqu'à n'en pouvoir plus imaginer de nouvelles.

J'ai semé de la graine de Mélése au mois de Février, au commencement & à la fin de Mars, & dans tout le mois d'Avril; elle a toujours bien levé. Le mieux cependant est de la semer vers la mi-Mars dans des terrines sur couche, & vers la fin de Février dans des caisses posées à l'ombre, ou en pleine terre.

Toutes les fois que j'ai femé cette graine dans des terrines ou caiffes fur une couche tempérée, ombragée, elle a paru au bout de trois ou quatre femaines, & a levé fi épais, qu'au bout de quelque temps on ne voyoit plus du tout la terre des terrines.

Etant à Coire (*d*) j'avois choifi moi-même des cônes fur un arbre vigoureux, j'avois rebuté tous ceux qui n'étoient pas de l'année, & ceux qui étoient pleins de réfine ou mal conftitués. De forte que j'étois fûr d'avoir de bonne graine. Voici comment je l'ai femée.

Je me fuis muni de caiffes de fix ou fept pouces de profondeur, dont le fond étoit percé de plufieurs trous; j'ai couvert chacun de ces trous d'une écaille d'huître ou d'un fragment de tuile, & j'ai ajouté par-deffus cela un lit de blocailles.

Le but de ceci eft de procurer l'écoulemènt de l'humidité fuperflue des pluies & des arrofemens, dont la ftagnation feroit très-nuifible, & d'em-

(*d*) Capitale du pays des Grifons.

pêcher que la terre ne devienne trop compacte ; deux inconvéniens inſéparables qu'il eſt bien important d'éviter.

Cela fait, j'emplis ces terrines ou caiſſes juſqu'aux deux tiers & demi de leur hauteur, d'une terre compoſée de parties égales de terreau de fumier bien conſommé, & de terre neuve que je prends quelquefois dans les taupinières. Enſuite j'ajoute ſur cette terre une couche de ſix lignes, d'un mêlange de parties égales de terre neuve & de terreau de bois pourri, mêlange qui doit avoir été bien retourné & bien tamiſé. Alors j'applanis ce dernier lit de terre avec une planchette, de façon qu'il ſoit bien parallele aux bords de la caiſſe, & bien égal. C'eſt ſur cette ſurface unie que je répands mes graines en ſuffiſante quantité, & le plus également que je puis. Je les couvre de trois ou quatre lignes du même mêlange de terres que celui ſur quoi elles ſont poſées, auquel j'ajoute ſeulement un peu plus de terreau de bois pourri. Puis j'unis bien cette derniere couche avec une planchette, ſur laquelle j'appuye j'appuye avec assez de force, afin de bien coller la terre contre les graines. Alors, je pose mes caisses sur la couche, dont j'ai parlé, & les y assujettis bien de niveau. Je les arrose doucement tous les jours avec un goupillon; & je suis certain, par toutes ces précautions, de voir lever mes graines de Mélése, aussi épais que des épinards.

Pour éviter tout soupçon d'avoir chargé cette pratique de trop de menus détails, je vais faire voir par des principes, que pas un n'est inutile. La terre de dessus les graines est la plus légère, pour faciliter la sortie de leurs germes infiniment foibles; elle est néanmoins mêlée de terre neuve, afin qu'elle ait quelque consistance, sans quoi elle se dessécheroit trop vîte & ne maintiendroit pas les tiges capillaires des petits Méléses, qu'un souffle pourroit déchausser, renverser, déraciner. La terre qui est immédiatement sous la graine est un peu plus forte, afin de sustenter & de soutenir les premières fibrilles; elle est toutefois assez légère pour qu'elles la pénétrent aisément. La

M

terre de la troisième & derniere couche est beaucoup plus forte & plus
nourrissante, parce que les petites racines se sont assez fortifiées en passant
par la seconde couche de terre, pour
pouvoir pénétrer celle-ci, qui par sa
substance, sa ténacité & son volume,
est propre à faire grossir ces racines,
& à procurer par là-même beaucoup
de vigueur aux jeunes arbres.

Enfin je veux que la superficie de
mes caisses soit bien unie, bien parallele aux bords de ces caisses, & qu'elles
soient bien de niveau sur la couche,
afin que les arrosemens se distribuent
avec égalité. Faute de cette petite attention, j'ai perdu de bien beaux semis;
les petites plantes ayant pourri dans les
parties basses, & ayant été desséchées
& déchaussées dans les parties élevées
de ces caisses.

Quant à la manière de gouverner
les petits Méléses nouvellement sortis
de la graine, je renvoye le lecteur à
l'article des Pins & Sapins, page 129,
premier *alinea*, & pages suivantes jusqu'à la page 132, où tous les soins

nécessaires sont amplement détaillés. Ces soins conviennent très-bien aux Méléses. On peut seulement observer que ces arbres au sortir de la graine, & un mois après, demandent plus d'ombre que les Pins & Sapins, & qu'ensuite ils peuvent plus aisément s'en passer.

Je vais rendre compte briévement de quelques expériences ultérieures sur les semis & plantations de Mélése.

1. De la graine de Mélése, semée dans des caisses étroites, enterrées entre des planches garnies de boutures, & couvertes de paillassons pendant la plus grande partie du jour, a passablement bien levé. Ces boutures & les caisses qui débordoient la terre de dedans, ont procuré à ce semis un ombrage favorable. Comme le milieu de ces caisses n'étoit pas ombragé, il n'y est absolument rien venu ; mais la graine a très-bien levé le long des bords.

2. Des graines de Mélése, semées dans des caisses, enterrées dans un taillis de trois ans, ont très-bien levé & réussi.

3. En faisant le semis de Sapin, dont j'ai parlé page 147, troisième *alinea*, j'avois semé quelques graines de Méléses dans un endroit où j'avois rapporté de la terre convenable, & j'avois couvert ce petit espace de plançons de sureau inclinés, qui formoient comme un toit. Le sureau a mal poussé. Les graines ont bien levé ; mais les petits arbres ont péri successivement par l'ardeur du soleil : il n'en est resté qu'un dont j'ai parlé plus haut. C'est assez pour me donner l'espérance de pouvoir un jour semer sur place avec succès un bois de Mélése. Je viens de l'essayer ce printemps, sur un quart d'arpent d'une terre médiocre. J'espere rendre compte dans la suite de cette belle expérience (*e*).

4. De petits Méléses transplantés la seconde année trois à trois, dans des pots d'un demi-pied de diametre, avoient à la fin de cette seconde année dix pouces de haut & beaucoup de

______

(*e*) J'en rends compte dans les additions en même temps que de mon grand semis de Pins & de Sapins, parce qu'un canton de ce terrein étoit semé uniquement de Méléses qui ont très-bien levé.

branches latérales. Au printemps de la troifième année je les ai plantés en pé-piniere, à deux pieds en tous fens les uns des autres. Aucun n'a manqué. Dans deux ans ils feront très-propres à être plantés à demeure.

5. De très-petits Méléfes d'un an tranfplantés au commencement d'Avril, par un temps humide dans une prairie défrichée, enclofe, & efpacés de dix pouces en tous fens, ont tous très-bien repris. J'avois mis de la paille hachée autour du pied de chacun pour y conferver la fraîcheur, & j'y avois fiché des brins de bruyere féche, en arcade, pour donner de l'ombre.

6. Etant dans le pays des Grifons au mois de Janvier 1765, je trouvai fur une montagne proche de Coire, un endroit dont la terre reffemble parfaitement à celle de ma campagne. J'y fis arracher en motte avec la houe une quarantaine de petits Méléfes, dont les plus forts n'avoient qu'un pied & dix pouces de haut; j'en fis prendre dix fans mottes pour faire un effai. Les mottes fe main-tinrent très-bien, parce que la terre

étoit gelée. Chacune fut enveloppée avec du papier gris, lié de pluſieurs tours de ficelle. Ces petits arbres ainſi empaquetés furent rangés près les uns des autres horizontalement, au fond d'une boëte percée de pluſieurs trous, avec de la mouſſe fourrée dans leurs inter-valles & étendue ſur le tout ; ce qu'on répéta juſqu'à ce que la boëte fût pleine, ayant ſeulement attention de faire le dernier lit de mouſſe plus épais que les autres, afin que le couvercle en l'affaiſſant aſſujettît bien tous les petits arbres. Cette boëte bien clouée & bien ficelée fut envoyée à ma terre, c'eſt-à-dire, à cent trente lieues de là : comme les voitures s'accordent mal ſur cette route, à cauſe des lacs, des rivieres, des mauvais pas qui ſe trouvent juſqu'à Baſle, elle reſta deux mois en chemin, & n'arriva qu'à la fin de Mars.

Tous les Méléſes avoient pouſſé pendant le tranſport, ils furent plantés dans une terre ſemblable à celle où je les avois pris, ſans leur faire autre choſe que de les déficeler. On plaça ceux qui n'avoient pas de mottes dans

un endroit à part pour les reconnoître;
on mit de la mouſſe autour du pied de
chacun, & on les arroſa doucement,
ce qui a été répété quelquefois quand
le temps étoit ſec.

L'automne étant venue, trois des dix
qui n'avoient point de mottes étoient
morts, & quatre languiſſoient : deux de
ceux qui en avoient étoient péris, & pluſieurs malades. L'été ſuivant ceux qui
avoient langui périrent. Il m'en reſta deux
de ceux qui n'avoient pas de motte, &
vingt-cinq de ceux qui en avoient. Les
plus forts s'éleverent de dix pouces la
première année, & d'environ vingt-
quatre la ſeconde; ainſi pluſieurs avoient
quatre pieds moins quatre pouces au
printemps de la troiſième. Leurs branches latérales étoient d'un pied & demi
de long, & la partie inférieure de leur
tige de trois pouces de tour.

Au mois d'Avril de cette troiſième
année 1767, j'en ai fait tranſplanter
ſix dans un boſquet d'arbres printaniers.
Ils ont été levés en motte, tranſportés
& plantés avec les plus grands ſoins.
Je vais les détailler. J'avoue que j'au-

rois pu en épargner la moitié, fi j'avois voulu feulement que ces arbres reprif-fent : mais cela ne me fuffifoit pas, j'avois à cœur qu'ils ne paruffent pas avoir changé de place, qu'ils végétaf-fent dans leur nouvel emplacement, mieux encore qu'ils n'avoient fait dans le premier, & qu'ils devinffent en peu de temps fort grands.

7. Ce bofquet printanier dont j'ai parlé plus haut, eft un petit carré placé à un des angles formés par la rencontre de deux allées. J'ai fait faire dans cet endroit fix trous profonds de trois pieds, diftant de neuf pieds les uns des autres. Enfuite je les ai fait combler, & j'ai fait planter un jalon au milieu de chacun. Alors on a exhauffé tout le terrein de deux pieds avec de la terre de l'ados d'un champ voifin ; on a battu toute cette terre pour la rafermir ; puis on a fait autour des jalons de nouveaux trous correfpondans aux premiers, & proportionnés à la groffeur des mottes que je me propofois d'y placer. Voici comment on s'y eft pris pour enlever ces mottes.

On a fait à un pied & demi de la tige de chaque Mélèse un fossé circulaire de deux pieds de profondeur, & assez large pour que les ouvriers pussent y travailler à l'aise. Un endroit du bord extérieur de ce fossé a été rabattu en talus, pour y placer une civière sur un plan incliné. En même temps on a eu soin de tailler la motte en cylindre, afin que la terre, n'étant pas plus pesante en un endroit que dans l'autre, ne s'éboulât pas, & se soutînt par son équilibre. Cependant on plaqua & on lia fortement de petites planches tout autour de la motte, puis on la détacha de sa base en l'amincissant par le bas avec la béche : alors on lia une forte & longue perche à chacun de ses côtés, au moyen de quoi plusieurs ouvriers la souleverent, en même temps que d'autres passoient une planche dessous, afin d'empêcher la terre d'en tomber par son propre poids. Elle fut ainsi placée sur la civière qui étoit faite pour porter à six, & à laquelle on ajouta les deux longues perches dont je viens de parler : de manière que cette motte pût être portée par dix perfonnes , jufqu'auprès des trous où on la defcendit à force de bras.

Après que ces fix Méléfes ont été placés , on a fiché près de leurs tiges un tuteur bien rond & bien liffe de fix pieds de haut, contre quoi on les a dirigés par des nœuds lâches faits avec de la laine , fe propofant de conduire verticalement la nouvelle branche montante, le long des tuteurs. On a répandu de la menue paille autour du pied de ces arbres que l'on a arrofé doucement. Ils pouffent avec autant de vigueur que s'ils n'avoient pas été déplacés. Je crois que par la pratique fimple que je viens de décrire, on pourroit tranfplanter, avec plein fuccès, des arbres réfineux de toutes efpèces, de fix & de huit pieds de haut.

8. J'ai déja retranché à ces Méléfes quelques branches latérales, qui, par leur vigoureufe croiffance , détour- noient la féve à leur profit & au dé- triment de la flèche. Cette opération ne paroît pas avoir diminué la force

de ces arbres, quoiqu'elle ait été faite dans le temps qu'ils commençoient à poufſer, & qu'on ne doive jamais la faire qu'en Septembre, quand la féve n'agit plus.

J'ai éprouvé, avec fuccès, de faire périr & tomber peu à peu des branches latérales de ces arbres, en les liant avec force à l'endroit de leur implantation dans le tronc, à l'imitation de l'extirpation de certaines excrefcences du corps des animaux. Il arrive de là que la plaie eft prefque bouchée avant que la branche foit tombée, & qu'il n'en fort que fort peu ou point de réfine. Cela fe fait bien aifément par un feul tour de fil de fer paffé au feu, ferré & arrêté d'un feul coup de main, avec de petites pincettes à cet ufage. On comprend bien que cette manière d'élaguer n'eft guère praticable que pour de petites branches.

DU CÉDRE DU LIBAN.

JE ne puis dire rien que j'aie éprouvé ſur cet arbre, ſinon qu'il me paroît encore plus dur que le Méléſe. Un Cédre du Liban de trois pouces de haut, mal enraciné, envoyé ſans motte en mauvaiſe ſaiſon, ayant eſſuyé un tranſport de deux mois, puis un rude hiver, n'a pas laiſſé que de pouſſer, quoique le bout de ſa fléche eût péri. La nouvelle branche a péri encore, & cependant ce miſérable petit Cédre a repouſſé très-vigoureuſement par la partie inférieure de ſa tige, au ſecond printemps. Peu d'arbres des plus communs & des plus durs auroient ſans doute réſiſté à tant d'accidens.

J'ai reçu de Leyden deux cônes de Cédre du Liban, qui étoient vermoulus, & ne contenoient pas une ſeule bonne graine.

M. Duhamel du Monceau a eu la bonté de m'en envoyer deux autres

qui contenoient quelques bonnes graines : elles n'ont pas levé, parce qu'elles
ont été semées trop-tard.

Dans le mois d'Août de cette année,
j'ai fait venir de Londres deux Cédres
du Liban de trois pieds & demi de haut,
plantés dans de grands paniers bien
assujettis avec de la mousse & des cordes ; ces arbres sont arrivés à bon port
& ont bien poussé, ils ont été taillés
en pyramide, contre l'avis de Miller,
& cela me fait craindre qu'ils croîtront
lentement.

DU CYPRÈS.

Oici un arbre qui m'a défolé, par l'alternative de très-bons & de très-mauvais fuccès que m'a occafionné fa culture; fans que j'aye pu trouver, ni dans les livres ni dans ma tête, un moyen affuré de la faire réuffir, n'ayant pas encore pénétré la vraie caufe (*a*) du dépériffement fubit de prefque tous les jeunes Cyprès que j'ai élevés de graine. Il eft vrai que je n'ai pas fait l'épreuve de toutes les parties de la méthode de notre auteur : fans doute qu'étant fondée fur une longue expérience elle fe trouvera être bonne à bien des égards.

Plus j'obferve les arbres que je cultive, plus je m'apperçois qu'il faudra encore bien du temps pour que le tempérament de chacun foit bien connu.

Etant auprès de Milan, au mois de Janvier de l'année 1765, je fis cueillir

______
(*a*) Elle fe trouve développée dans les additions à la fin de ce volume.

des cônes d'un beau Cyprès pyramidal, qui étoit au pied d'une roche exposée au midi : je fus fort étonné de
les trouver encore tout verds ; je doutai
si je les emporterois, mais j'espérai
qu'ils mûriroient pendant le transport.
Je ne me suis pas tout-à-fait trompé.
Ils ont jauni, leurs écailles se sont
entr'ouvertes d'elles-mêmes, & j'en
ai tiré une passable quantité de graines.

Ces graines étoient vides pour la
plûpart ; mais quelques-unes s'étant
trouvé bonnes, je les semai toutes,
suivant la méthode expliquée page
128 & 129 ; avec cette seule différence
qu'étant fort plates, je les enterrai encore
moins que les plus petites graines de Pin.
Elles m'ont donné vingt-trois petits
Cyprès, dont les uns rassembloient &
d'autres étendoient leurs branches, ce
qui confirme l'observation de Miller.

Je m'apperçus bientôt que ces Cyprès,
au sortir de la graine, demandent encore plus d'ombre que les Méléses,
car ayant découvert les uns & les autres aux mêmes heures, plusieurs des
premiers furent grillés en un instant. Il

n'en refta que dix qui pafferent très-
bien l'hiver dans une ferre où il geloit
un peu moins que dehors. Mais les
ayant remis fur une couche tempérée au
commencement de Mars, j'en vis tous
les jours fécher quelques-uns par le
hâle de ce mois, bien qu'ils fuffent
prefque toujours couverts. Un feul
m'eft refté, qui eft à préfent très-vigoureux. Auffi eft-il de l'efpèce ou variété
qui a fes branches horizontales, ce qui
confirme encore ce qu'obferve Miller,
que ce Cyprès eft bien plus dur que
le pyramidal.

J'ai reçu de la graine de Cyprès de
Provence, qui a bien levé. J'en ai reçu
près de deux livres de Génes, qui n'a-
voit pas été confervée dans les cônes,
& qui n'eft arrivée qu'à la fin de Mai.
J'en femai fur le champ quatre onces,
puis environ autant dans le mois de
Juin. Elle parut beaucoup plus tôt que
n'avoit fait celle que j'avois femée au
mois d'Avril l'année précédente, & leva
fi épais que les terrines reffembloient
à des broffes vertes. Ces petits Cyprès
crûrent avec une vîteffe étonnante, &
fe

se maintinrent en très-bon état, jusqu'au temps où il fallut les garantir du
froid. Une partie fut placée dans la
serre, les autres furent mis dans
une couche à vitrage. La terre des terrines qui étoient dans la serre se
desſécha extrêmement, & devint dure
comme une pierre, ayant été battue
par les arroſemens, faute d'avoir mis
des écailles d'huîtres & de la blocaille
au fond des terrines. Toutefois on
n'oſa pas arroſer, vu l'âpre gelée qu'il
faiſoit alors. Second inconvénient.
La serre étant fort petite, & contenant plus de trois cents pots emplis de
terre, il eſt certain que l'air y étoit
humide. Troiſièmement, on ferma les
volets des fenêtres contre le grand
froid (*b*). On ſait que la lumiere donne
aux plantes la couleur & peut-être la
conſiſtance. Quatrièmement, ces Cyprès étoient en ſi grand nombre dans les
terrines, qu'ils ſe touchoient, ainſi ceux

(*b*) La nuit du 10 au 11 Janvier, le froid a été à
Metz l'an paſſé 1767, à ſeize dégrés & demi ; il
n'avoit été dans cette ville qu'à quatorze dégrés &
demi en 1709.

N

qui furent endommagés communique-
rent bientôt leur mal aux autres.

Il est arrivé de tout cela que les
sommités de quelques-uns ont noirci
de pourriture, & successivement toutes
les parties de leurs tiges , & ensuite
tous les autres; & qu'en en tirant quelques-uns de terre on a trouvé les
fibrilles de leurs racines desséchées. Au
mois de Février on les arrosa, l'eau
passa par la terre des terrines comme
au travers d'un tamis : elle ne put être
humectée qu'à force de verser de l'eau
dessus, elle devint alors comme de la
boue; & les jeunes arbres n'en périrent
que plus vîte. On les plaça auprès des
vitres ouvertes à la fin de Mars, cela
acheva leur destruction, dont je suis
en droit de croire que la gelée a été
la moindre cause. Ainsi de trois cents
petits Cyprès que j'avois dans la serre,
il ne m'en est pas resté un seul.

La terre des terrines enterrées dans
la couche à vitrages ne se dessécha pas
entièrement, on en sent la raison : mais
la gelée qui y a pénétré plus aisément
que dans la serre, a fait périr pres-

que tous ces petits Cyprès. Il n'en reſtoit plus que dix-ſept au mois d'Avril. De ce nombre il en mourut encore quelques-uns par des coups de ſoleil; il ne m'en demeure que dix qui ſont vigoureux, & bien venans.

Le reſte de ma graine de Cyprès a été ſemé ce printemps pour réparer mes pertes; & comme elle avoit été conſervée dans du ſable fin & ſec, elle a levé auſſi bien que l'année précédente.

Des Cyprès ſemés dans une plate-bande de terre ſablonneuſe, non-loin d'un mur expoſé au midi (dans le potager de Raîme, chez M. le Marquis de Cernay, près de Valenciennes) ont aſſez bien réuſſi. Il ne paroît pas qu'ils ſouffrent notablement de l'ardeur du ſoleil.

Des Cyprès de ſept ans, plantés en pépiniere dans l'angle méridional d'un petit jardin clos de murs, à Condé, chez le Prince de Croy, ſéchent ſubi-tement par le haut, du côté qui avoi-ſine la rencontre des deux murs, leſ-quels renvoyent puiſſamment les rayons du ſoleil.

N 2

On voit par toutes ces obfervations que la graine de Cyprès tirée des pays chauds leve fort aifément, mais qu'il n'eft pas auffi facile de faire paffer le premier hiver aux petits arbres qui en proviennent, & que le fecond printemps eft l'époque d'une crife, dont il eft mal-aifé d'éviter les mauvais effets. En conféquence, je fais ôter au mois de Juillet de deffus la couche ombragée, les terrines où font mes Cyprès nouvellement éclos (c), & je les fais mettre contre un mur expofé au foleil levant jufqu'aux fortes gelées; alors on les place contre un mur expofé au midi: fi le froid eft trop âpre on les couvre de feuilles féches. Au fecond printemps on remet ces caiffes contre un mur expofé au levant ; & l'on en plante le plus grand nombre dans des pots, pour les y laiffer jufqu'à ce qu'ils foient propres à être plantés fur place, fuivant le confeil de notre auteur.

Terminons ce petit ouvrage par une obfervation qui convient peut-être à

_____

(c) C'eft afin de les accoutumer peu à peu à l'air libre & au foleil.

tous les arbres réſineux , & que j'ai
faite ſur ceux dont il eſt queſtion ici.
Lorſqu'on tire de terre un de ces arbres au mois d'Octobre , on trouve
que ſes racines ſont terminées par un
bouton rond ; au mois de Mars ce
bouton s'enfle , s'alonge & blanchit.
C'eſt par le développement de ces boutons que les racines de ces arbres doivent être continuées ; de même que
leurs branches ne peuvent guère l'être
que par le bouton qui les termine. Si
l'on retranche ces boutons d'une racine
elle ne s'alonge plus , & n'en pouſſe
pas d'autres des bords de la coupure ,
comme les arbres non-réſineux. On
voit par là combien il eſt important de
tranſplanter ces arbres-ci avec leurs
racines entieres quand ils ſont petits ,
& avec des mottes quand ils ſont un
peu forts.

DU THUYA
OU ARBRE DE VIE.

L'Arbre de vie commun & celui de la Chine different l'un de l'autre plus fensiblement qu'il ne paroît par la defcription de notre auteur, ni par aucune de celles que j'ai lues. Faifons un paralléle de ces deux arbres.

Le premier porte de petits cônes oblongs, formés par des écailles tendres auffi oblongues, & toutes à peu près d'égale grandeur, lefquelles terminent le cône d'une manière un peu obtufe. Ces écailles renferment des graines pointues, plates, ailées & trèspetites, fi légères que le moindre fouffle les enleve.

L'Arbre de vie de la Chine porte des cônes ronds, gros comme une noix, & terminés par une pointe recourbée; ces cônes qui reffemblent beaucoup à ceux du Cyprès, font compofés d'écailles ligneufes, épaiffes, dont le milieu, dans fa partie extérieure, s'éleve en boffe pointue. Ces écailles renferment des graines dures, luifantes, oblongues, non-ailées, & terminées en pointe recourbée.

Les branches du Thuya commun font affez éloignées les unes des autres, celles du premier & du fecond ordre forment un angle fort ouvert avec la tige; ces branches font terminées par une longue pouffe qui reffemble à un cordon.

L'Arbre de vie de la Chine a fes branches fort proches les unes des autres; elles forment un angle très-aigu avec la tige, elles ont leurs pointes rameufes & courbées vers la tige.

Voilà les principales différences que j'aye remarquées entre ces deux arbres; je crois qu'elles fuffifent pour les faire diftinguer, & qu'il feroit inutile de pouffer le paralléle plus loin.

Les boutures de Thuya doivent être coupées tout contre la tige, afin qu'elles foient pourvues d'une protubérance qui aide beaucoup à les faire reprendre : il les faut planter à la cheville dans une terre fraîche, dans un endroit

ombragé, comme, par exemple, le long
d'un mur, qui ne foit frappé du foleil
que pendant deux ou trois heures de
la matinée. Si on les plante en plein
air, il faut alors leur faire un petit toit,
afin d'y pofer des paillaffons ou de la
paille de pois, dès l'inftant qu'elles font
plantées. Il ne faut ôter cette couverture durant le plus chaud de l'été, que
depuis cinq ou fix heures du foir, jufqu'à fept, huit ou neuf heures du matin, fuivant le dégré de chaleur du
foleil. Tout l'intervalle qui fe trouve
entre les boutures doit être garni d'un
lit de mouffe. Au moyen de cette précaution, il fuffira d'arrofer légérement,
dans le cas feulement, qu'en tatant
avec le doigt jufques fous cette mouffe,
on y trouve la terre trop féche.

Il m'eft arrivé d'avoir perdu quantité
de ces boutures, pour les avoir laiffées
quelque temps expofées au foleil. Toute
la partie qui étoit hors de terre étoit
jaunie & féchée, tandis qu'elles avoient
déja produit des racines, ou bien un
bourlet autour de la coupure.

L'excès d'humidité n'eft pas moins

à craindre. Dans ce cas-ci la partie qui eſt hors de terre reſte verte pendant bien long-temps, mais l'écorce de la coupure ſe pourrit ; il ne s'y forme pas ce bourlet ſi avantageux, qui reſſemble à une petite couronne, & qui eſt garni de protubérances gélatineuſes, d'où ſortent bientôt des racines. La pourriture ſe communique & monte, elle fait enfin périr toute la bouture : quelques-unes ſeulement prennent racine à fleur de terre.

Les deux eſpèces d'Arbre de vie ſe multiplient par leurs ſemences, je l'ai éprouvé avec ſuccès. Mais la graine du Thuya commun eſt ſi menue & ſi plate, qu'on n'oſe la couvrir que d'une ou de deux lignes d'une terre très-légère, comme, par exemple, terreau de bois pourri, mêlé avec terreau de fumier, ſable fin, & un cinquième de terre de taupinière.

Il faut avoir grand ſoin de bien ombrager ce ſemis, afin de le tenir dans un dégré de fraîcheur toujours égal ; autrement cette mince couche de terre, dont ſont couvertes les graines, se desséchant en un instant, pas une ne germeroit : & les petits arbres nouvellement éclos, qui ne sont pas plus gros que des cheveux, pourroient périr tous par un seul coup de soleil. Le meilleur temps pour faire ce semis, c'est la fin de Mars.

Il n'en est pas de même de l'Arbre de vie de la Chine. Comme ses graines sont grosses & dures, il faut les couvrir de cinq ou six lignes d'une terre plus forte que légère, comme, par exemple, terreau de couche avec égale partie de terre de taupinière. Le meilleur temps pour faire ce semis, c'est la fin de Février : il ne demande pas d'être ombragé artificiellement, mais seulement d'être placé à l'exposition du levant, d'être sarclé avec soin, & arrosé quelquefois modérément.

Il est à croire que les Thuyas produits par la graine s'éleveront davantage que ceux de bouture ou de marcotte : ceux-ci parviendront peut-être à la hauteur de trente pieds ; alors ces arbres dont le bois est admirable, pourroient être multipliés pour leur utilité, tandis qu'ils ne le font maintenant que pour leur beauté.

Les deux efpèces de Thuya font très-propres à former des paliffades de dix & douze pieds de haut, dans les bofquets d'hiver; comme leurs feuilles & leurs branches font plates, elles fe plaquent parfaitement, & n'ont prefque pas befoin d'être tondues. J'ai vu à Zurich des paliffades femblables qui faifoient un très-bel effet.

ADDITIONS.

Grand femis à demeure de Pins, Sapins & Méléfes.

J'Ai essayé le printemps dernier la méthode qu'indique Miller, pour faire un semis à demeure de Pins & de Sapins, & qui est détaillée page 41 de ce petit ouvrage, où je renvoye le lecteur.

Afin que cette expérience fût plus riche, je l'ai étendue sur plusieurs espèces de Pin & de Sapin, & j'ai destiné environ un quart du terrein où elle a été faite à un semis de Méléfes à demeure, que depuis long-temps je désirois d'essayer; & parce qu'il seroit très-utile de pouvoir semer des bois d'un arbre aussi utile, & parce que tous les auteurs disent y avoir échoué, ou ne l'avoir pas éprouvé.

Et pour que le succès de cette expérience fût moins incertain, j'ajoutai à ce qu'exige Miller, tous les soins relatifs au local, qui pouvoient parer aux inconvéniens que je prévoyois.

J'ai choisi environ un arpent d'une

terre compacte & jaunâtre, mêlée de petits morceaux de fer, par conséquent très-mauvaise, ce que j'ai fait exprès pour conclure du plus au moins.

Ce morceau de terre étoit situé sur une pente assez considérable exposée à l'ouest, d'où nous vient un vent que nous appellons *d'Ardennes*, & qui est très-pernicieux.

Tout ce morceau de terre est situé dans un enclos, & forme un parallélograme.

Après l'avoir fait labourer deux fois à la charue & une fois à la béche, j'en ai fait extirper les racines de chiendent, avec des espèces de trident, dont les dents font recourbées, & ont leurs pointes munies d'un crochet, afin d'enlever les racines en les déterrant. Cela fait, on a passé sur le tout une herse de fer, qui a emporté ce qu'il restoit de racines.

Alors on a formé les planches avec le rateau (*a*), comme il est expliqué

___

(*a*) Miller les faisoit former à la béche, & peut-être avoit-il raison, car une terre extrêmement divisée avec les dents d'un rateau, ne peut plus

page 41, mais je les ai réduites à quatre pieds en quarré, & les fentiers de deux pieds ont été faits en les foulant.

Enfuite de quoi j'ai répandu mes graines de Pins, de Sapins & de Méléfes, mais bien plus abondamment (*b*) que ne le confeille Miller; puifque j'ai femé dans chacune de ces planches réduites à quatre pieds en quarré (*c*), une bonne pincée au centre, une à chaque coin, & une à chaque milieu des côtés.

J'ai fenti que la terre locale étoit trop compacte de fa nature pour en couvrir ces graines, qu'elle fe corroyeroit & empêcheroit leur germination; c'eft pourquoi j'ai fait hacher bien menu de la paille que j'ai mêlée avec cette terre, afin d'en féparer les molécules, & de la maintenir meuble par

changer d'état que pour redevenir compacte, au lieu qu'une terre qui n'eft que réduite en petites mottes, ce qu'opere la béche, ne peut que fe divifer par les pluies. Ceci eft le grand principe des labours dans les terres dont les parties font unies par un gluten, & c'eft le plus grand nombre.

(*b*) Voyez la remarque (*n*) qui eft au bas de la page 43.

(*c*) Miller les faifoit de cinq ou fix.

conféquent. J'ai donc couvert mes graines avec ce mélange, plus ou moins
felon la groffeur de ces graines, qui,
comme je l'ai déja dit, étoient de différentes efpèces.

Cela fait, j'ai fait ficher des brins de
bruyères en forme d'arcade au-deffus
de chaque endroit femé, ce qui a été
très-long, mais pourtant indifpenfable,
afin de parer les arbres nouvellement
nés, de l'ardeur du foleil, qui, comme
on l'a dit plufieurs fois, les met dans
le plus grand danger.

Ce femis n'a été achevé que pour
la fin d'Avril, malgré cela il a fort bien
levé, quoique fort tard.

Il contenoit des graines de Pin maritime, de Pin à trochets, de Pin de
montagne, de Pin du Lord Weymouth,
de Pin alviez ; de Sapin de Norwege,
de Sapin à feuilles d'if, & de Méléfe.
Le Sapin blanc ni le Pin alviez n'ont
pas paru, je n'en fuis pas étonné, car
je fais bien que la graine de ces deux
arbres demande une terre, une expofition, & des précautions particulières.
Le Méléfe a levé fort épais.

Le froid qu'il a fait au printemps dernier a arrêté la croiſſance de tous ces petits arbres, de manière qu'en Juillet ils étoient encore d'une foibleſſe extrême. Pour les fortifier, je les ai fait rechauffer au mois d'Août avec de la terre des ſentiers, bien *émiettée* (*d*).

Cependant pluſieurs ont jauni, le hâle s'étant introduit juſqu'à leurs racines par les crévaſſes de la terre, que ni les plantes (*e*) annuelles qui y ſont venues en abondance, ni les couvertures de bruyère n'ont pu empêcher de ſe deſſécher.

Les pluies de l'automne ont fait du ravage dans la partie baſſe de ce terrein en entraînant la terre, ce qui a déchauſſé & arraché pluſieurs de ces petits arbres.

Les faux dégels de cet hiver viennent auſſi de faire bien du mal dans ce ſemis, mais comme il eſt bien garni, on

(*d*) J'aurois mieux fait d'y mêler du ſable ou du terreau.

(*e*) Je les avois fait arracher dans quelques planches ; mais loin que les arbres en ayent été ſoulagés, ils en ont ſouffert, ayant été plus expoſés au ſoleil.

peut

peut efpérer qu'il y reftera affez d'arbres, pour qu'on puiffe prendre dans les en-droits les mieux venus de quoi garnir les places vides, fi toutefois il s'y en trouve qui le foient abfolument.

Les Méléfes y ont réuffi auffi-bien que les Pins & Sapins, & comme la terre de cet endroit leur eft fort contraire, étant dure, compacte & pleine de fer, j'ai lieu d'être affuré qu'on pourroit en femer un bois avec un plein fuccès, dans une terre douce au toucher, qu'ils préferent à toutes les autres ; fur-tout fi l'on y plan-toit d'avance des rangées d'arbrif-feaux, afin de leur procurer une ombre fraîche qui leur eft fi falutaire. J'ai fait cette expérience dans un petit bois planté exprès, elle m'a réuffi au-delà de mes efpérances, comme je vais le dire & comme je l'avois déja infinué. Je ne l'ai faite que fur un petit terrein, à la vérité, mais que je la faffe fur un grand en pareilles circonftances & avec les mêmes foins, je crois que la réuffite en fera auffi certaine.

O

Nouvelles expériences sur le Méléfe.

§. De la graine de Méléfe femée (*f*) dans des caiffes enterrées contre une haye expofée au levant, a parfaitement bien levé. Les petits arbres y ont fait tous les progrès défirables, quoique ces caiffes ne fuffent ombragées que par la haye, & n'euffent été arrofées que deux ou trois fois dans tout l'été (*g*).

Cette expérience confirme les préceptes de Miller.

§. Une caiffe femée de graines de Méléfe a été enterrée dans une place vide d'un taillis. Cette expérience n'a pas moins bien réuffi, & s'accorde avec les obfervations dont M. Duhamel du Monceau m'a fait part dans une lettre dont il m'a honoré, les 9 de Novembre & 19 Décembre de l'année dernière.

§. Vers la fin de Mars de cette année, on a choifi une planche d'une terre

______

(*f*) Selon la méthode qui eft détaillée dans mes obfervations fur les Pins & Sapins, page 150, premier *alinea.*

(*g*) L'été de l'année dernière a été fort humide.

douce au toucher de couleur de noi-
fette & fraîche, fituée entre des hayes
d'arbriffeaux, plantées pour cette fin. On
l'a labourée bien menu avec une petite
béche, & l'on a paffé affez légérement
le rateau de fer fur ce labour. Alors on y a
femé à la volée de la graine de Méléfe
pêle-mêle avec de la graine de Sapin
de Norwege. Puis on a recouvert ces
graines avec le rateau, & l'on a femé
deffus environ deux lignes de terreau
mêlé de fable.

Cette pratique bien fimple m'a réuffi
au-delà de mes efpérances. Les petits
Méléfes qui font venus en grand nombre dans cette planche, font plus vigoureux qu'aucuns de ceux de mes précédentes expériences. Ils avoient au
mois d'Octobre près de cinq pouces
de haut, ce qui furprendra fans doute
ceux qui connoiffent l'extrême débilité
dont font ordinairement ces arbres la
première année. Quoiqu'ils n'ayent pas
été couverts du tout pendant ce rude
hiver, où nous avons effuyé quinze
dégrés de froid du thermométre
de Réaumur, ils ont fi peu fouffert

qu'ils ont confervé la plûpart de leurs feuilles.

Cette expérience eft le point d'appui d'où je voudrois partir pour femer des bois de Méléfe.

De quelques efpèces étrangères de Pin & de Sapin.

Des graines de Pins & Sapins d'A-mérique de plufieurs efpèces ayant été femées dans des caiffes, fur une couche tempérée, ombragée, (*h*) n'ont levé qu'imparfaitement. Peut-être que cette graine, arrivée d'Angleterre depuis un an, étoit altérée à un certain point ; mais il eft certain que n'étant couverte que d'une terre très-légère, les arro-femens l'ont déterrée en grande partie, & qu'on n'a pas eu l'attention de la recouvrir auffi-tôt qu'on s'en eft ap-perçu. Les petits arbres qui en font provenus ont été déchauffés par les mêmes caufes, & l'on n'a pas rapporté de la terre autour de leurs tiges grêles auffi fouvent qu'on l'auroit dû : opé-

(*h*) Suivant ma méthode détaillée page 128, fecond *alinea.*

ration que je regarde comme la plus essentielle de toutes celles qui peuvent assurer le succès d'un semis d'arbres résineux.

Je crois que le mélange de terre dont je me sers ordinairement pour couvrir les graines de Pins & de Sapins, n'a pas assez de ténacité pour celles des espèces d'Amérique, qui demandent en général une terre plus forte & plus fraîche. Je compte dorénavant augmenter la dose des terres glutineuses & diminuer celle de terres (*i*) en poussiere, pour faire un mélange propre aux semis de ces espèces de Pin & de Sapin.

Celles qui m'ont le mieux réussi sont le Sapin baumier de Gilead, & le Pin du Lord Weymouth.

Les petits baumiers de Gilead ont passé l'hiver sous une caisse à vitrages, & n'ont pas souffert. Mais ayant placé les petites caisses où étoient les Pins du Lord Weymouth, & quelques autres espèces étrangères, contre un

----

(*i*) C'est une dénomination générique de Wallérius.

mur expofé au midi, fans les enterrer, la gelée a pénétré de tous côtés dans ces caiffes, & j'ai perdu la plûpart de ces petits arbres. Ceux des mêmes efpèces qui étoient femés en pleine terre ont péri entiérement pendant cet hiver 1768, à l'exception de ceux qui fe font trouvés abrités par les herbes féches, & la bruyère que j'avois mife à l'entour. D'où je conclus que le plus fûr eft de tenir fous des abris tous les Pins & Sapins d'Amérique, & à plus forte raifon ceux d'Orient pendant les deux premiers hivers au moins.

Pin cultivé.

Des amandes du Pin cultivé plantées à demeure, dans de petits paniers (*k*) enterrés, ont fort bien réuffi. Ces petits arbres ont cru de fix pouces. Je les ai couverts de paille de pois pofée fur de petits échafaudages, de crainte qu'elle ne les écrafe. Ils me

(*k*) Ces paniers étoient faits pour empêcher les taupes de déterrer ces graines, & les fouris de les manger; elles en font très-friandes, & m'en ont détruit un femis confidérable.

paroiſſent avoir réſiſté au froid exceſſif de cet hiver. Mais des Pins cultivés du même âge & quelques-uns de deux ans, n'ayant pas été couverts ont péri; ils n'étoient pourtant pas trop expoſés aux vents, mais ils étoient plantés dans une terre fraîche.

Cette expérience m'apprend que la manière d'élever ce Pin, indiquée par Miller, eſt la plus ſûre, & qu'on peut cependant ſemer ſon amande là où il doit reſter, en ayant attention que ce ſoit dans une terre couverte de ſable & de gravier, pour empêcher la gelée de mordre à un certain point, que ce ſoit dans un endroit abrité contre les vents, & de couvrir ces arbres tous les hivers pendant les premières années.

Une manière d'élever ces Pins encore plus ſûre que celle de Miller, eſt de ſemer chaque amande dans un petit pot enterré à l'expoſition du levant, & de laiſſer le petit arbre dans ce pot juſqu'à ce qu'il le rempliſſe par ſes racines; alors on le plante dans un plus grand, & ainſi ſucceſſivement juſqu'à ce qu'il foit affez fort pour le planter à demeure ; ayant foin jufques-là de lui faire paffer l'hiver, enterré dans une couche à vitrages : car après tout, cet arbre eft trop délicat pendant fes premières années, pour pouvoir, fans trop d'embarras, l'élever en grand nombre.

Du Pin alviez,
Pinus foliis quinis, cono erecto.

Des amandes de ce Pin, femées en Février en pleine terre fur un labour à la bêche, n'ont pas levé. D'autres femées à la fin de Mars, auffi en pleine terre, & couverte de la même terre mêlée de paille hachée, n'ont pas levé non plus. Celles qui ont été femées dans des caiffes, fur couche ombragée, ont mal germé. Enfin, celles que j'ai femées, en Novembre & en Février, dans des caiffes emplies de terre franche mêlée de fable & de blocailles, ont bien levé, & affez bien profité. Cependant elles n'ont commencé à fe montrer que dans le mois de Mai : la plûpart n'ont paru qu'à la fin de Juillet, & il en levoit encore à la fin d'Octobre, c'eſt-à-dire, un an après avoir été ſemées.

J'avois ſemé de ces amandes dans des caiſſes enterrées dans un taillis peu touffu, elles ont mal germé, & ces petits Pins ont preſque tous péri. Je crois, d'après cela, qu'ils veulent un libre accès de l'air; ce qui n'eſt pas étonnant, puiſqu'ils croiſſent toujours au plus haut des montagnes.

Ces amandes, lorſqu'elles germent, pouſſent hors de terre une tige grêle & herbacée, dont la ſommité eſt enveloppée dans la coque, qui, ſi elle reſte long-temps, entraîne par ſon poids la petite tige, qui s'alonge toujours ſans groſſir, & tombe enfin à moitié déracinée. Pour peu que la ſuperficie de la terre ſoit humide cette tige pourrit, ſouvent celles mêmes qui ſe tiennent droites pourriſſent à fleur de terre. Pour éviter ces inconvéniens, il faut 1. que la ſuperficie de la terre ſoit couverte de ſable ou de moëllon briſé. 2. Il faut *acoucher*, ſi je le puis dire, les plantules qui ne peuvent ſe débarraſſer de la coque. 3. Quand ces

tiges s'alongent trop, on doit les rechauffer, presque jusqu'aux premières feuilles,
avec du sable fin.

On voit que la manière de semer
& d'élever ce Pin est assez difficile,
& doit être à bien des égards différente de celle de semer & d'élever les
autres espèces, même le Pin d'Italie
qui lui ressemble le plus. D'où l'on
peut conclure que chaque espèce d'arbre a un tempérament tout particulier
qu'il faut étudier avec soin, & que
ce n'est que de cette étude bien faite
qu'on pourra espérer des régles certaines, pour la culture de ces utiles
végétaux.

Ce que je viens de dire du Pin
alviez, jette beaucoup de lumière sur
la vraie méthode de l'élever, en mon-
trant une partie de ce qu'il faut éviter
& de ce qu'il faut faire.

Au reste, il faut dans toutes ces expériences tenir compte de la singula-
rité du printemps dernier 1767, auquel
un hiver prolongé a toujours disputé
l'empire.

Nouvelles expériences sur les semis de Cyprès.

1. De la graine de Cyprès femée, felon ma méthode ordinaire, dans des caiffes fur une couche tempérée, ombragée, & couverte (*l*) de bois pourri, mêlé d'une terre fablonneufe, ont réuffi au-delà de mes efpérances; ces caiffes en étoient fi garnies qu'elles avoient l'air d'une forêt en mignature : une fur-tout me fit très-grand plaifir, parce que les Cyprès y étoient plus hauts du double que les autres, par la raifon que j'y avois diftribué la graine également, c'eft-à-dire, que je ne l'avois femée ni trop clair ni trop épais.

On a eu foin de rechauffer fouvent tous ces petits arbres, ce qui les a finguliérement fortifiés, & on les a accoutumés de bonne heure à l'air libre & au foleil, en laiffant les paillaffons, tous les jours moins long-temps, fur la couche où ils étoient : au mois d'Août ils n'étoient plus couverts.

2. De la graine de Cyprès de trois

(*l*) La graine.

ans, envoyée de Milan, & conservée dans du sable fin & sec, a été semée dans des caisses enterrées, les unes contre une haye exposée au levant, les autres contre un mur à la même exposition, sans autre couverture qu'un filet, pour empêcher les oiseaux, chats & souris d'y grater. Ces graines ont levé fort épais, & les petits Cyprès y ont très-bien profité, quoiqu'ils n'ayent été arrosés que très-rarement. Comme on les a rechauffés (*l*) moins souvent que ceux dont je viens de parler, ils font un peu moins vigoureux, & quelques-uns se font deffléchés.

Ces caisses ont été couvertes de paille

(*l*) J'ai dit souvent que cette opération est importante; en voici la raison. Les tiges des arbres résineux coniferes nouvellement éclos font extrémement menues, elles s'alongent toujours sans grossir sensiblement; le soleil les desséche donc bien aisément, à cause du long chemin que doit faire la séve à travers des vaisseaux infiniment tenus, pour aller sustenter la tête chargée de rameaux. On ne peut donc parer à cet inconvénient qu'en couvrant de terre ces tiges grêles, pour leur éviter le contact du soleil, & pour rapprocher leur nourriture. On m'objectera que dans les bois personne ne prend le soin de rechauffer ces petits arbres; à cela je réponds que leurs feuilles menues en tombant les rechauffent assez, & que d'ailleurs ils font à l'abri du soleil.

de pois que j'avois posée sur un petit échafaudage, afin de ne pas froisser les petits Cyprès. Je ne saurois déterminer encore à quel point ils ont souffert de la rigueur du froid de cet hiver 1768.

3. Les caisses contenant des Cyprès élevés sur couche ont été placées, pour passer l'hiver, sous une grande caisse à vitrages. Ils s'y sont conservés admirablement. Une de ces caisses a été mise dans la serre, & n'a pas périclité non plus.

Cependant il y a gelé cet hiver autant que l'hiver précédent, où tous mes jeunes Cyprès y sont morts, *voyez pages 193 & 194.* J'attribue ce bon succès aux causes suivantes. Les jeunes Cyprès que j'ai élevés cette année étoient plus forts que ceux de l'an passé, parce qu'ils avoient été semés plus tôt & rechauffés plus souvent. Ils étoient dans une caisse plus profonde de beaucoup, qui contenoit par conséquent un bien plus grand volume de terre, ainsi elle ne s'est pas desséchée, & n'a pas eu besoin d'être arrosée.

4. Des Cyprès de l'année, contenus

dans une caiſſe qu'on a enterrée, pour paſſer l'hiver, contre un mur expoſé au midi, ne paroiſſent pas juſqu'à préſent avoir beaucoup ſouffert.

5. Un Cyprès pyramidal de trois ans ayant été placé à la même expoſition, mais un peu loin du mur, a perdu ſa fléche. Et dix Cyprès qui n'avoient que deux ans poſés tout à côté de celui-là, ſe ſont très-bien conſervés.

Il faut obſerver que ces dix Cyprès ſont de l'eſpèce qui étend ſes branches horizontalement, laquelle Miller dit être bien plus dure que l'autre.

Un Cyprès de Portugal, haut d'un pied, venu de Londres dans un pot au mois d'Août dernier, a paſſé l'hiver dans le même endroit ſans être endommagé, il eſt vrai qu'il étoit tout contre le mur. Il paroît que cet arbre eſt plus dur que Miller ne le croit.

6. Ayant levé vers la ſaint Jean de petits Cyprès âgés de deux mois au plus, des caiſſes où ils étoient nés, pour les planter dans d'autres caiſſes à deux pouces les uns des autres, & les ayant tenus à l'ombre juſqu'à ce qu'ils fuſſent

repris, la plûpart ont réussi. Ils ne sont pas devenus si hauts que ceux qu'on a laissés dans le semis, mais ils sont plus gros & plus rameux.

Je compte beaucoup sur ces petits arbres, parce qu'ils sont à une distance convenable pour faire leur seconde crue, & que par cette transplantation on leur trouvera de belles racines, quand on les levera pour les mettre ailleurs.

De toutes ces observations, je pourrois déduire une pratique pour semer & élever ces arbres; mais j'aime mieux laisser ce soin aux lecteurs, que de risquer de donner comme maximes générales, ce qui peut-être souffre encore quelques exceptions ou modifications relatives aux autres climats.

Nouvelles expériences & observations sur le Sapin à feuilles argentées, ou Sapin à feuilles d'if, & à fruit vertical.

On a parlé pages 58 & 136, des précautions qu'il faut prendre pour s'assurer de la bonté de la graine de ce Sapin, & pour la conserver : le peu de temps qu'il faut pour l'altérer me fait croire que ceux-là n'en ont eu que de mauvaife, qui n'ont pu réuffir à élever cet arbre, ou que fi quelquefois ils en ont eu de bonne, ils n'ont pas connu la façon de la femer.

J'ai lu dans une traduction françoife de Mortimer, que cet arbre ne peut s'élever de graines. Ce qui eft vrai, c'eft qu'il ne peut fe multiplier par aucune autre voie. Le même auteur ajoute, qu'il s'éleve de furgeons qui naiffent à fon pied. Que peuvent penfer de cette affertion ceux qui connoiffent la conftitution des arbres de ce genre? Voilà comment l'on eft induit dans les erreurs les plus groffières, par des livres qui ont une réputation, peut-être méritée à d'autres égards. Encore une fois, cela doit bien nous apprendre à être circonfpect en pareilles matières, & à ne pas ufer du ftyle affirmatif, même après plufieurs expériences bien faites.

De la graine de Sapin à feuilles d'if qui avoit été confervée dans du fable bien fec, ayant été femée pêle-mêle avec de la graine de mûrier, dans une

planche

planche de terre fraîche, entre des hayes d'arbriffeaux, a très-bien réuffi. Les petits arbres qu'elle a produits font très-vigoureux & d'un beau verd foncé. Une partie de cette graine ayant été femée contre une charmille expofée au nord, & près d'une muraille à la même expofition, a réuffi de même. J'ai parlé page 151, d'un femis de Sapin à feuilles d'if fait au milieu d'un bois, dont le fuccès a été très-bon. Tout ceci prouve que cet arbre, tant qu'il eft jeune, demande encore plus d'ombre que les autres du même genre, & beaucoup plus que les Pins. Dans cet âge tendre, pour peu qu'il foit expofé au foleil il devient d'un verd jaune, & alors il ne fait plus que languir.

Je confeille de lever ces arbres du femis au mois d'Avril du troifième printemps, avec une houlette, (*m*) s'ils n'ont pas été femés trop épais, pour les placer à dix pouces en tous fens les uns des autres dans des plan-

______

(*m*) J'ai fait faire des houlettes de plufieurs grandeurs, j'en ai une qui n'a que trois pouces de long, & un & demi de large.

P

ches composées de trois rangées, & distantes d'un pied & demi, pour pouvoir les sarcler & soigner.

Ces planches doivent être faites le long d'un mur élevé, à l'exposition du nord, ou entre de hautes charmilles, ou bien enfin au milieu d'un taillis. On peut y laisser ces arbres durant trois ou quatre ans, alors ils seront très-propres à être plantés à demeure.

Voyez sur cette plantation, page 16, troisième *alinea*, page 48, premier *alinea*, & page 55, premier *alinea*, où il est parlé d'une précaution essentielle lorsqu'on veut planter cet arbre à demeure, ainsi que tous ceux de la même famille.

Les Sapins à feuilles d'if demandent encore plus que bien d'autres arbres du même genre, d'être rechauffés souvent dans le semis, & même lorsqu'ils sont en pépinière.

F I N.

EXTRAIT

D'une lettre du 18 Décembre 1767, dont M. Duhamel du Monceau a honoré l'auteur.

LA culture que vous employez pour ces sortes d'arbres (les arbres résineux coniferes) s'accorde à merveille avec les observations que j'ai faites sur le même sujet.

J'ai un bois de bouleaux, planté exprès, dont la terre est un sable gras assez léger, & cependant très-substantieux; j'y enterre de grands (a) pots que j'ai fait

(a) M. Duhamel du Monceau ne m'a pas dit les raisons de l'usage qu'il fait de ces pots; je présume qu'ils servent à empêcher les racines des mauvaises herbes de s'étendre jusqu'au semis, qu'on n'a pas besoin moyennant cela de sarcler; opération fort incommode. D'ailleurs on peut mettre dans ces pots le mélange de terre qu'on veut, on peut l'y étendre bien horizontalement, ce que j'ai dit plusieurs fois être fort important; outre cela les bords de ces pots empêchent toute communication de la terre qu'ils contiennent à la terre voisine; ce qui n'a pas lieu quand on fait un mélange de terre dans un trou fait en terre, car alors les pluies mêlent cette terre trop compacte avec celle qu'on a rapportée. Ces pots

*faire à deſſein ſans fonds, & ſ'y ſeme
les graines des diverſes eſpèces de Pin &
de Sapin dans une terre mêlée de ſable.
L'ombre de mes bouleaux les fait germer
abondamment dans ces pots : s'il s'y
trouve trop de petits arbres, j'en enleve
un certain nombre avec une houlette pour
les planter ailleurs, & j'en laiſſe en place
ce qu'il en faut.*

Les Sapins & Epinettes (b) *ſavent
bien gagner le deſſus des bouleaux ; mais
ayant remarqué que quand les Pins ſont*

arrêtent de la fraîcheur ſuffiſamment par leurs parois,
& il n'y en ſejourne jamais aſſez pour faire pourrir
les petits arbres , puiſqu'ils n'ont point de fonds.
Enfin ſi l'on veut ne laiſſer qu'un arbre dans ces
pots, il peut y reſter juſqu'à ce qu'il ſoit haut de
trois ou quatre pieds , & alors s'il prend envie de
le placer ailleurs, on peut l'enlever aiſément & ſans
qu'il ſouffre en la moindre choſe.

Suppoſez qu'on plante un taillis de bouleaux en
rangées diſtantes de quatre ou cinq pieds , on peut
enterrer dans ces plates-bandes des pots ſans fonds,
à ſeize pieds en tous ſens les uns des autres , & en
laiſſant un Sapin ou Pin dans chacun, on aura à
l'avenir un bois de ces arbres. Si l'on craint de trop
multiplier le nombre de ces pots , on peut n'en
employer que quelques-uns de fort grands, dans leſquels
on aura ce qu'il faut de Sapins pour garnir , à des
diſtances convenables, le reſte du terrein qu'on y
deſtine.

(b) Ce ſont les Sapins dont les feuilles ne reſſemblent pas à celles d'if.

d'une certaine force, l'ombre ne leur convient plus, je leur donne de l'air en faisant arracher les bouleaux ; car mon intention est qu'il n'en reste pas un seul à l'avenir dans cet endroit, & qu'il n'y ait plus que des Pins & Sapins.

EXTRAIT

D'une lettre du 2 Février 1768, écrite à l'auteur par M. Hirzel, premier Médecin de la très-louable République de Zurich, Vice-préfident de la Société de Phyfique de cette Ville (a), & correfpondant de l'Académie des Sciences & des Arts de Metz.

LA Société de Phyfique préfume bien de votre ouvrage fur les arbres réfineux coniferes. On s'y fouvient de votre ardeur à gravir contre nos rochers & à parcourir nos montagnes, pour y épier la nature dans fes voies pour la multiplication & la croiffance des arbres & plantes. On ne doit,

(a) Il eft l'Auteur du Socrate ruftique, ouvrage traduit en plufieurs langues. On voit dans ce livre & dans tous les écrits & difcours de M. Hirzel, que fon génie a fa fource dans la plus belle ame. L'amitié que j'ai pour cet homme refpectable ne feroit qu'un tendre hommage à la vertu & au patriotifme, fi je ne la devois pas aux foins généreux qu'il s'eft donnés pour moi, lorfqu'une affaire importante me conduifit en Suiffe. Et je ne puis me refuser à cette occafion d'en faire publiquement l'aveu.

sans doute, chercher des élémens sur la culture des arbres, l'entretien & repeuplement des forêts, que dans ces procédés naturels ; ils sont la première source de nos connoissances en ce genre.

La Société sait aussi que vous n'avez pas négligé la seconde, & non moins abondante, qui est l'application de ces premiers principes à des expériences d'où il en découle d'autres, sur lesquels s'établissent des méthodes certaines. La Société en augure d'autant mieux, qu'elle est informée que vous avez employé une grande partie de vos terres à des semis, pépinières & plantations d'arbres les plus utiles & même les plus rares. Dans les mêmes vues, Leurs Excellences viennent de nous donner les facilités de faire des expériences & de planter un jardin de botanique dans une terre qu'elles ont acquise ; & nous avons lieu d'être satisfaits du commencement de cet établissement utile.

Votre ouvrage nous fera d'autant plus de plaisir qu'il va paroître dans un moment où la Société, commençant à sentir les fâcheuses suites du peu de soin qu'on a eu des forêts jusqu'à préfent, s'efforce de diriger l'attention des cultivateurs fur leur entretien & repeuplement.

Vous favez que nous propofons chaque année à nos payfans quelques queftions intéreffantes dans un ordre fyftématique ; nous fommes parvenus à celles relatives à l'amélioration des bois, & les réponfes qui y ont été faites nous ont mis en état de donner de bons préceptes fur cet objet important. Mais nous ne doutons pas que votre ouvrage n'augmente nos lumières, & ne fupplée à ce que nos cultivateurs n'auront peut-être pas apperçu.

Voilà, mon très-cher ami, les raifons qui ont déterminé la Société dans fa première féance de cette année, à me charger de vous témoigner qu'elle eft fenfible à votre attention à lui faire agréer de prendre le titre d'Académicien de Zurich à la tête de votre livre, qui s'accorde fi bien avec fes vues pour le bien public. La Société m'a auffi chargé de vous prier de lui envoyer un exemplaire du livre de M. Le Payen, Académicien de Metz, fur les Mûriers & Vers à foie, & contenant la defcription d'un excellent moulin à foie. Elle continue ſes entretiens avec nos payſans cultivateurs, pour apprendre d'eux-mêmes le fort & le foible de l'agriculture dans chaque endroit de notre Canton ; afin que nous puiſſions, en partant du véritable état des choſes, leur donner des avis utiles par des moyens praticables.

Quand nous aurons épuiſé & fait ré-foudre toutes les queſtions ſur les bois, nous nous occuperons des engrais, & nous eſpérons de pouvoir donner au public de très-bons préceptes ſur cette importante matière ; car je doute qu'il y ait nulle part des payſans auſſi habiles que les nôtres à perfectionner & à employer les fumiers.

Adieu, mon ami, je vous embraſſe tendrement.

Extrait des Régiſtres de l'Académie royale des Sciences & des Arts de la Ville de Metz.

Du Lundi 7 Décembre 1767.

MEſſieurs BOUTIER, LE PAYEN & Dom CASEBOIS, Commiſſaires nommés par l'Académie, pour l'examen d'un ouvrage de M. le Bailli DE TSCHUDI, intitulé : *Traité des Arbres réſineux coniferes, extrait & traduit de l'anglois de Miller, avec des notes, obſervations & expériences, par, &c.* ont fait leur rapport & ont dit, qu'ayant examiné cet ouvrage avec attention, ils n'y ont rien trouvé qui n'en faſſe déſirer la publication, leur ayant d'ailleurs paru très-propre à exciter & à éclairer le zéle des cultivateurs pour les plantations en général, & eſſentiellement pour la multiplication des arbres de cette claſſe.

En conſéquence de ce rapport, l'Académie a cédé à M. le Bailli DE TSCHUDI, ſon droit de privilége pour l'impreſſion dudit ouvrage, avec liberté de ſe ſervir de tel Imprimeur de cette Ville qu'il voudra choiſir : En foi de quoi j'ai ſigné le préſent.

FAIT à Metz le Lundi ſept Décembre mil ſept cent ſoixante-ſept.

Signé, DUPRÉ DE GENESTE, *Secrétaire perpétuel de l'Académie royale des Sciences & des Arts.*

PRIVILÉGE DU ROI.

L OUIS, PAR LA GRACE DE DIEU, ROI DE FRANCE ET DE NAVARRE : A nos amés & féaux Conseillers les Gens tenant notre Cour de Parlement, Maîtres des Requêtes ordinaires de notre Hôtel, Grand Conseil, Prévôt de Paris, Baillis, Sénéchaux, leurs Lieutenans civils & autres nos Justiciers qu'il appartiendra, SALUT. Notre bien-amée *La Société des Sciences & des Arts de notre ville de Metz*, Nous a fait exposer qu'elle auroit besoin de nos Lettres de Privilége pour l'impression de ses ouvrages. A CES CAUSES, voulant favorablement traiter ladite Société, Nous lui avons permis & permettons par ces présentes, de faire imprimer, par tel Imprimeur qu'elle voudra choisir, *tous les ouvrages des Sciences & des Arts de Metz qu'elle voudra faire imprimer en son nom*; en tels volumes, forme, marge, caractères, conjointement ou séparément, & autant de fois que bon lui semblera, & de les faire vendre & débiter par tout notre Royaume, *pendant le temps de quinze années consécutives*, à compter du jour de la date des présentes, sans toutefois qu'il puisse être imprimé d'autres ouvrages qui ne soit pas de notredite Société. Faisons défenses à tous Imprimeurs, Libraires, & autres personnes de quelque qualité & condition qu'elles soient, d'en introduire d'impression étrangère dans aucun lieu de notre obéissance; comme aussi d'imprimer ou faire imprimer, vendre, faire vendre, débiter ni contrefaire lesdits ouvrages en tout ou en partie, ni d'en faire aucun extrait, sous quelque prétexte que ce puisse être, sans la permission expresse & par écrit de notredite Société, ou de ceux qui auront droit d'elle, à peine de confiscation des exemplaires contrefaits, de trois mille livres d'amende contre chacun des contrevenans, dont un tiers à Nous, un tiers à l'Hôtel-Dieu de Paris, & l'autre tiers à notredite Sociéré, ou à celui qui aura droit d'elle, & de tous dépens, dommages & intérêts ; à la charge que ces préfentes feront enrégiftrées tout au long fur le Régiftre de la Communauté des Imprimeurs & Libraires de Paris, dans trois mois de la date d'icelles ; que l'impreffion defdits ouvrages fera faite dans notre Royaume & non ailleurs, en bon papier & beaux caractères, conformément aux Réglemens de la Librairie ; qu'avant de les expofer en vente, les manufcrits qui auront fervi de copie à l'impreffion defdits ouvrages, feront remis dans le même état où l'approbation y aura été donnée, ès mains de notre très-cher & féal Chevalier Chancelier de France le Sieur DE LAMOIGNON ; & qu'il en fera enfuite remis deux exemplaires de chacun dans notre Bibliothéque publique, un dans celle de notre Château du Louvre, & un dans celle de notredit très-cher & féal Chevalier Chancelier de France, le Sieur DE LAMOIGNON, le tout à peine de nullité des préfentes ; du contenu defquelles vous mandons & enjoignons de faire jouir notredite Société & fes ayans caufe, pleinement & paifiblement, fans fouffrir qu'il leur foit fait aucun trouble ou empêchement. Voulons que la copie des préfentes, qui fera imprimée tout au long au commencement ou à la fin defdits ouvrages, foit tenue pour duement fignifiée, & qu'aux copies collationnées par l'un de nos amés & féaux Confeillers-Secrétaires, foi foit ajoutée comme à l'original. Commandons au premier notre Huiffier ou Sergent fur ce requis, de faire, pour l'exécution d'icelies, tous actes requis & néceffaires, fans demander autre permiffion, & nonobftant clameur de Haro, Charte Normande & Lettres à ce contraires : CAR tel eft notre plaifir. DONNÉ à Marly le douzième jour du mois de Juin, l'an de grace mil

sept cent soixante-un, & de notre régne le quarante-
sixième. Par le Roi en son Conseil, *Signé*, LE
BEGUE, avec grille & paraphe.

*Régistré sur le Régistre XV de la Chambre Royale
& Syndicale des Libraires & Imprimeurs de Paris,
N°. 407, fol. 199. conformément au Réglement de
1723. A Paris ce 24 Juillet 1761. Signé, SAILLANT
& BAUCHE, Adjoints.*